Ultra

超訳 孫子の兵法

Translated

Sunzi

許成準

彩図社

はじめに

『孫子の兵法』は〝中国人の聖書〟と呼ばれている。この兵法書は中国最高の兵法書であると同時に、最高のビジネス書の地位も得ているのだ。

『孫子の兵法（以下「孫子」）』は中国だけではなく、日本はもちろん、世界中に影響を与えている。西洋での人気がアジアのそれを上回るとも言われるくらいだ。マイクロソフト創業者のビル・ゲイツは、自分の経営の原理が『孫子』にあると言っている。そして、ハーバード大学のMBAカリキュラムも『孫子の兵法』を重要な本として採択している。

米軍も『孫子』に関心が高く、湾岸戦争に派遣された米軍海兵隊は、リュックサックに同書の英訳版を携帯していて、イヤフォンからもそれを聞けるようにカセットテープまで持っていたという。すべての作戦は『孫子』に基づいて行われ、結果戦争は成功裏に終わった。

『孫子』は日本の経営者にも絶大な影響を与え、ビジネス誌で「経営者おすすめの本」のアンケートをとると、常に上位を占める。NEC元会長の関本忠弘、住友生命保険の上山保彦元会長、アサヒビール元副社長の中條高徳など、高名な経営者たちが『孫子』を活用したと言ってはばからない。

ＩＴ業界の巨人・孫正義も「自らの経営原則は『孫子』にある」と公言するほど、孫子マニアとして有名である。積水グループに至っては、社名自体が「形篇」からの引用である。

『孫子』は中国人のみならず〝経営者の聖書〟であるのだ。

『孫子』は中国最古の兵法書で、書かれた時期は２５００年を超える昔、紀元前6世紀と推定されている。その頃は多くの偉大な思想家たちが乱立する時代で、儒家・道家・墨家など２００に至るほどの思想が競争していた。

時は過ぎ21世紀、その中で東洋・西洋を巡る世界のビジネスパーソンたちに名声を博しているのは孫子一つだけだ。なぜか？

それは『孫子』が戦いだけではなく、人生に発生する、ほとんどすべての問題に応用することができる、知恵に溢れた本だからである。だから時代を越え、洋の東西を問わず人類すべてに愛される最高のビジネス書になったのだ。

では、一体誰がそんな立派な本を書いたのか？

『孫子』の著者である孫武は、中国春秋時代の人で、強大国・斉の名門出身である。彼は斉で出世することもできたが、当時の新興国であった呉に行って軍師として登用された。まるで、大手企業で将来を嘱望されたエリートが、ベンチャー企業で取締役に任命されたように。

呉の王・闔閭《こうりょ》は、孫武の兵法書を読んだ後、彼を試験する意味で、

「貴殿の兵法で、女たちを訓練することもできますか?」と訊いた。承諾した孫武は、180人の宮女を集めて、2つの部隊に分けて王の寵姫2人を部隊長に任命した。彼は太鼓の合図で右と左に向かうように命令したが、太鼓を打ち鳴らし「右!」「左!」と命令しても、彼女たちはクスクス笑うだけであった。

孫武は「命令が明確に伝わらなかったのは、軍師の罪である」と言って、改めて命令を伝えた。それでも彼女らが言う事を聞かないと、次は「命令が明確であるのに実行されないのは、隊長の罪である」と言うや、闔閭が止めるのも聞かず、2人の寵姫の首を刎《は》ねてしまった。すると宮女たちは日頃から訓練を積んでいるかのように、きびきびとよく動くようになった。寵姫を失った王は憤慨したが、孫武の才を認めて軍師として登用したという。

以上は司馬遷が記した『史記』に書かれている逸話であるが、他の歴史書には記述が見られないことから「孫武は実在せず」と唱える学者もいる。

このように孫武の正体は謎に包まれているが、彼が記した『孫子』の原本(現在は消失)に後世の人々が内容を追加し、三国時代の英雄・曹操が整理したのが今私たちが眼にしている『孫子』だ。

さて、読者諸氏は『孫子』をどれくらい知っているだろうか?

「敵を知り、己れを知れば、百戦危うからず」とか「風林火山」といった有名なくだりを知らない人はいないだろう。しかし、このような断片を知るだけでは『孫子』を知っているとは言えない。なぜなら『孫子』はすべての項目が密接に関連し合っていて、右のような有名なくだりは、コンテクストの一部に過ぎないからである。有名なくだりをちょっと知っているだけで、『孫子』を理解しているというのは、まるで「劉備は諸葛亮孔明を三顧の礼で迎えた」ということを知っているだけで三国志を理解している、と言うのと同じことである。

あまり知られていないくだりの中にも、有名な文句よりもずっと役に立つ部分がたくさん眠っているのである。

残念ながら、今までの『孫子』の本は、訳を省きがちであった。しかし本書は〝全訳〟である。そして本書のタイトルが〝超訳〟である理由は、好き勝手に意訳したということではなく、既存の訳の間違いや、不明瞭な部分を直し、誰が読んでも分かりやすい訳を目指したからである。

例えば、読者諸氏は次の文章が何を意味しているのか分かるだろうか？

「諸侯の地三属し、先に至れば天下の衆を得るべきものを衢《く》地《ち》となす」

誰も分からないだろう。

このような文章は現代語に書きなおしても、その意味は伝わりにくい。そして、既存の『孫子』についての本を読んだ読者の中には、現代語訳とはいっても、何か論理が合わなかったり、変な文章だと思った人もいるだろう。本書ではそのような部分も、すっかり理解できるように訳されている。

「原文の意味に最も近く、最も理解しやすい現代語訳」を目指して書かれたのが、本書であるからだ。

そして『孫子』を理解するためには、解説が欠かせない。『孫子』では適切な事例とセットで考えなければ、本文の意味が理解できない内容が多数含まれているからだ。

本書では古今東西の故事はもちろん、現代のビジネスの事例を多く使って、本文の理解を手助けする。読めばお分かりになることだと思うが、一つひとつの事例は本文にぴったり合うように綿密に厳選した。一度読めば記憶に深く刻まれる事例もたくさんあるはずだ。本文が退屈な人は解説の事例だけを読んでも面白く『孫子』のエッセンスが理解できるだろう。

私たちは日常においてしばしば、厄介な障害に遭遇する。避けることができれば良いのだが、それができない場合もある。職場で、はたまた金銭的な利害がかかっている場面で、私たちは悪人ともぶつかる。

『孫子』を理解すれば、そういった状況にも安全に対処できるようになるはずだ。『孫子』は現代の世界で割を食わないために必要な知識を、きっと授けてくれるはずだ。

『孫子』は13篇で構成されている。初めの「計篇」は全体の導入部分で、戦争の前に考えなければならないことについて説いている。2番目の「作戦篇」は、戦いの被害を最小限にして、経済的に勝つ方法について、そして3番目の「謀攻篇」では、利口に勝つ、つまり戦わずして勝つ方法について説いている。

以上の3つの篇が概論である。次の3つの篇は戦争の構造について説いている。「形篇」では勝つ態勢を作ることについて、「勢篇」ではシステムで勝利する方法について、「虚実篇」では攻撃と守備の原則について説いている。

以上の3つの篇は戦術の原則を説明する原論である。そして残りの7つの篇は各論である。「軍争篇」「九変篇」「行軍篇」「地形篇」「九地篇」では実戦を有利に展開する方法を説明している。そして「火攻篇」では、当時の大量破壊兵器である火攻を、そして最後の「用間篇」では情報活動について説いている。

このように『孫子』は内容の構成も意図的に編集されており、断片的にいくつかを知るだけは、全体像が把握できないことが分かる。

『孫子』が書かれた春秋戦国時代は、多くの国が争う混沌とした時代であった。今の世界も春秋戦国時代のような激変期であり、地域によっては、明日国があるかどうかも予想できないほどだ。今の世界を見ても、第四次産業革命のせいでいろいろな職業がなくなっているし、資本主義の矛盾のせいで所得格差が拡大しているなど、多くの変化が進行中である。

その方向性は明確だ。能力次第で生き残るか、淘汰されるかが決まる厳しい社会への変化である。そんな今だからこそ、本書を読んで明日に〝勝利〟してくれれば幸いである。

超訳 孫子の兵法 目次

はじめに……2

1章
計篇
勝算のある勝負だけをせよ

戦争は慎重に……18
戦いの前のチェックリスト……20
将の一般常識……28
戦の基本はトリックである……30
戦の前に勝算を計算せよ……32

2章
作戦篇
仕事は早く終わらせろ

長期戦は百害あって一利なし……36
戦争と経済的損失……38
敵の物を奪って使え……40
戦は素早く勝利すべし……42

3章
謀攻篇
戦わずして勝つのが最善

戦わずして勝つ……46
敵を損なうことなく勝利せよ……48
大勢の敵とは戦うな……50
君主が犯しやすい3つのミス……52
勝利のための5つの条件……54
敵を知り己を知れば、百戦危うからず……58

4章 形篇

勝利した後戦え

味方の勝ちは敵次第、敵の勝ちも味方次第……62
勝った後戦え……64
戦争は、天秤で分銅の重さを量るが如し……66

5章 勢篇

システムで勝負せよ

部隊編成で勝利する……72
「正」と「奇」は四季の如し……74
「正」と「奇」の限りないバリエーション……76
勢いと節目……78
システムで勝負せよ……80
敵を誘い出す方法……82
個人の能力ではなく、全体の勢いで勝負……84

6章
虚実篇
敵の虚を打て

先手を打て …… 88
敵を思うままに操る方法 …… 90
弱点を突け …… 92
敵の虚だけを攻撃せよ …… 94
戦いたい時と戦いたくない時 …… 96
味方は集中させ、敵は分散させる …… 100
敵の守備を崩せ …… 102
兵力の集中には地形の情報が不可欠 …… 104
無形の境地に至れ …… 106

7章
軍争篇
先に要地を抑えろ

有利なポジションを先に取る秘策 …… 112

行軍のトレードオフ …… 114
風林火山 …… 116
兵たちの動きを一致させよ …… 118
弱い敵を強い味方で討つ …… 120

8章

九変篇

戦場の変化に対応せよ

用兵の原則 …… 124
5つの状況 …… 126
将は、様々な変化に対応して利益を得るべき …… 130
利と害 …… 132
敵国を操る方法 …… 134
勝手に肯定的に考えるな …… 138
将が陥りやすい5つの危機 …… 140

9章

行軍篇

常に有利な態勢を維持せよ

地形に適した軍の置き方 …… 146
兵の健康に注意 …… 148
注意すべき地形 …… 150
敵の動きを見通す方法 …… 154
敵の事情を見通す方法 …… 156
文と武のリーダーシップ …… 160

10章

地形篇

戦場を知れ

戦場の6の類型 …… 164
負ける軍の6のパターン …… 168
将の矜持 …… 174
敵を知り、己を知り、天を知り、地を知る …… 176

11章

九地篇

場所による心理の変化

戦場の9つの類型……180
敵を困らせよ……188
敵の大切なものを奪え……190
部下のやる気を引き出す……192
軍を団結させる方法……196
兵たちを戦いに投入する方法……200
兵たちの心理を操る方法……202
相手の腹の内……206
外交の駆け引き……208
覇王の軍が味方を扱う方法……210
はじめは少女のように、後には脱兎のように……212

12章
火攻篇
古代唯一の大量破壊兵器
火攻めの方法 …… 216
費留 …… 220
13章
用間篇
情報には金を惜しむな
情報の重要性 …… 226
スパイの種類 …… 228
スパイの大切さ …… 232
おわりに …… 236

Ultra Translated Sunzi!

1章
計篇
勝算のある勝負だけをせよ

『孫子』では最初に、戦争を始める時には慎重になることを勧めている。戦いが始まってから努力するのも大切だが、それより重要なのは「勝てる戦い」を見極めることだ。

戦いの勝敗は、強いか弱いかで決まるものと思われるが、そうではない。本当に勝ちを積み重ねられるのは、「勝てる戦い」だけを挑む者であることは、歴史が証明している。現代のビジネスでも同じで、実力のある者が勝算のない社業に着手し、惨めに失敗する事例をよく見る。

何の仕事をするにしても、慎重に着手する態度が成功の第一の要素であるということを、「計篇」は説いているのだ。

超訳

戦争は慎重に

【計篇①】


戦争は国家の大事である。

人の生死、国家の存亡がかかっているため、前もってよく考えなければならない。

5つの要素を考慮して、7つの計算で自分と敵を比較し、その実状※を正確に把握しなければならない。

※これは「而索其情」の訳で、直訳すれば「実状を調べる」である。「情」は敵と自分の情態、つまり「実状」、「索」は「調べる・探る・リサーチ」の意。

解説

『孫子の兵法』は最初に、戦争を始める時には慎重になることを勧めている。

本文に書かれているように、戦争には「人の生死、国家の存亡がかかっている」。戦争に慎重ではない人物が指導者になると、彼に従う多くの国民が死に導かれるのは、今日の私たちも記憶すべき教訓である。現代のビジネスでも、十分な研究をせず「この事業は、必ず成功するはずだ！」という、自分の直感だけを信じて起業する人が意外と多い。

例えば小さなカフェを始めるにしても、一見すると簡単に見えるかもしれないが、あらかじめ勉強しなければならないことはとても多い。食品衛生法、材料の原価、インテリア、税金、賃貸借契約など……。こういったことを、あらかじめ調べずに事業を始めると、予想外に出費がかさみ、頓挫することになる。

勝算のない仕事を始める人は、自分を信じて従う人々を失敗に導くだけである。そんな人が起業をすれば、会社は必ず倒産し、多くの借金を抱え、その人を信じて付いてきた部下や家族を路頭に迷わせることになる。**どんな仕事を始めるにしても、現実を正確に把握し、勝算を調べなければならない。**

そこで孫子の兵法では、勝算を計算する方法として「五事七計」というチェックリストを提示している。これは考慮しなければならない5つの項目と、敵と自分を比較する7つの基準である。

次はこれを見ていこう。

超訳

戦いの前のチェックリスト

【計篇②】

戦争の前に考慮すべき5つの要素、つまり「五事」とは、「道」「天」「地」「将」「法」である。「五事」の1番目は「道」、つまりビジョンで、これは全ての部下にリーダーと同じ意志を持たせる資質である。これがあれば部下はリーダーと生死をともにし、どんな危険も恐れないようになる。

2番目は「天」、つまり自然環境で、陰陽、気温、季節などの自然界の条件である。

3番目は「地」で、これは戦場の地形の条件を意味する。

4番目の「将」とはリーダーの資質で、知略があるか(智)、信頼を得ているか(信)、仁慈に富んでいるか(仁)、決断力と勇気はあるか(勇)、厳格さはあるか(厳)を基準とする。

そして5番目の「法」とは、軍隊の組織編成や軍規、軍需物質の補給方式などである。

以上の5つの項目は、将であれば誰でも聞いたことがあるはずだが、これを深く知る者は勝利するが、知らぬ者は勝つことができない。

超訳

次に、敵と己を7つの項目、つまり「七計」で比較する。

・どちらに「道」[※]があるか
・どちらのリーダーが有能であるか
・自然環境はどちらに有利なのか
・法令が行き届いているのはどちらか
・兵力で勝るのはどちらなのか
・どちらの兵士がよく訓練されているのか
・賞罰はどちらが公平に行っているのか

以上の基準で比較してみれば、勝敗をあらかじめ知ることができる。

※「道」は大義名分と訳される。効果的な「道」とは、兵士たちを奮起させて「やる気」を引き出すスローガンである。つまり「どちらに道があるか」とはどちらのリーダーの扇動力が強いか、ということである。

敵味方、双方が必死に戦う状況では、運が悪くて負けることはあっても、運がよくて勝てることは滅多にない。プロ野球界屈指の名将として知られた野村克也の言うように「勝ちに不思議の勝ちあり、負けに不思議の負けなし」なのである。

敵が自分で勝てる相手か、勝てない相手かを冷静に判断する能力は、戦闘能力よりも重要である。それを判断する基準である5つが、「五事」なのである。

解説

1・道（集団の意志）

「道」とは戦いの大義名分、つまり味方を団結させるために、リーダーが提示する「戦いの理由」である。「大義名分はともかく、戦争は強い方が勝つだろう」と思う読者もいるだろうが「道」は意外に重要な要素で、これ一つで戦争に勝つこともあれば、欠けていたために分裂して自滅することもある。

フランスのジャンヌ・ダルクは「私は神の啓示を受けた！　我が国を侵略した邪悪な者共を打ち破ろう！」と宣言して兵を扇動し、イングランドに押されていた百年戦争（1337～1453）の形勢を引っくり返してしまった。

一方、アメリカが1960代に参戦したベトナム戦争は、最初から大義名分が不明確な戦争であった。国内でも反対世論が強く、国際社会の反発もあったため、軍の士気は著しく低かった。その結果といえば、アジアの小国を相手して勝つこともできず、ただただ長引いたこの戦争は、米国史上

解説

最も惨めな敗北として記録されている。

簡単に言えば、「道」は、一人一人が「やる気」を持つようにする、リーダーのメッセージだと言うことができる。皆にやる気がない集団が必死に戦う集団に勝つことはできないからだ。

２・天（自然の環境）

「天」とは、縁起、気温、季節など自然の環境を指す。これを巧く利用したのが、12世紀に活躍したイスラムの名将、サラディンである。ヒッティーンの戦い（１１８７）において彼は、太陽を背に十字軍と対峙した。アラビアの太陽の前に、重い鎧で武装していた十字軍はすっかり疲労困憊してしまった。水不足も手伝い、十字軍の戦意は消え失せた。

サラディン軍は水を豊富に備える上に、軽く涼しい軽武装であったから、脱水症状を起こす日射病患者たちを、いとも簡単に捕虜にしてしまった。このように名将は利用できるものは、すべて利用して、勝算を高めようとするのである。

３・地（戦場の特徴）

「泣いて馬謖《ばしょく》を斬る」という言葉があるが、あなたはなぜ馬謖が諸葛亮孔明に斬られたか、ご存知だろうか。孔明は第一次北伐（２２８）の際、子飼いの天才・馬謖に、街亭という戦略上の要所を押さえることを命じる。孔明は道を守備するように命じたが、馬謖は自らの才に自惚れて山上に布陣した。結果、敵軍に水路を断たれ、惨めに敗北してしまったのだ。

戦場の特徴をどう掴むかによって、天才児も破滅するということである。

解説

4・将（リーダーの資質）

愚かなリーダーが戦いに勝利するところは想像できない。

『孫子』ではリーダーが戦いに必須な資質として次の5つを挙げている。

A・智（知略がある人か）……社内では仕事ができて、尊敬を集める人物が、社外に出た途端に利口な敵に騙されて組織全体に被害を与える場合がある。知略に長けていないと良いリーダーにはなれないのだ。

B・信（信頼を得ている人か）……信頼のないリーダーは、知略があっても、その才能を自分のために利用する。彼らは会社のためではなく、自分のために働く人であり、社内政治に巧みで組織をしばしば分裂させる。この部類の経営者は組織の栄養分を吸うパラサイトのような存在だから、いない方が良いのだ。

C・仁（仁慈に富む人か）……どんな悪人でも、成功するためには部下の力を必要とする。したがって、部下たちを愛する態度は必須である。人類史上でも指折りの悪人だったアドルフ・ヒットラーも、

解説

側近たちにはとても優しい人であったと、多くの記録が証言している。彼は、秘書の誕生日には直接プレゼントを渡すほど丁寧で、側近と食事する時は、全員に料理が行き渡るまで自分の食事には手をつけないほど思慮深かった。若い頃は、社会への不満ばかりを募らせるニート同然であったヒットラーが、わずか10年でドイツのトップにまで上り詰めたのは、こうした態度で部下の忠誠心を引き出したからだ。

D・勇（率先して行動できるか）……イスラエル軍の将校たちは、戦闘開始の時「突撃しろ！」と号令せず「俺に従え！」と号令する。イスラエルの将校たちは戦闘の先に立って戦うため、戦死率が異常に高いという。どのくらいかというと、1973年の第四次中東戦争の戦死者の24％が将校だった。イスラエル軍が強いのは、このように率先のリーダーシップが当然のように浸透しているからである。

E・厳（厳格な人か）……読者の中には「厳格でないリーダーの下で働くのは楽だろう」と思った人もいるかもしれない。しかし、そんな人物の管理する組織というのは、きちんと統制されず、しばしば混沌とする。野心のある部下が派閥を作って非公式なリーダーになって、社内政治を展開するかもしれない。学校でも、管理者スタイルを採る先生のクラスより、生徒に友達のように接する先生のクラスの方がいじめがずっと多いという研究結果がある。

人の上に立つ者は、強い統率力で部下が余計なこと（個人の利益や政治的野望）を考えず、自分の仕事だけに集中させる義務を持つ。間違いはきちんと指摘し、皆が自分の仕事に責任を持つように恐ろしい監視者としての顔を持たなければならない。『君主論』を記したニッコロ・マキャヴェッリが言う通り、リーダーは「愛の対象になるより、恐怖の対象になるべき」なのである。

以上の「智信仁勇厳」は、良いリーダーの条件として、クリティカルな要素である。

解説

5・法（組織の体系）

同じ人々を集めても、彼らをどう組織するのかによって、問題ばかりの組織にもなるし、競争力のある組織にもなる。よく見られる会社の事例で説明してみよう。

小さな会社では経理担当者一人が、備品を購入したり、入金を担当したりする場合が多い。5人くらいの小さい会社であれば問題ないだろうが、成長して30人くらいの会社になっても同じシステムを使っていたとしたら、話は別だ。

筆者はそういう会社の経理担当者が、勝手に会社のお金を使って、自分が使う事務用品を買うのを見たことがある。京セラ創業者・稲盛和夫も「お金を入出金する人と、会計を担当する人とは、必ず分離するべきだ」と言った。このように組織の大きさに応じて、役割を分けたり、方式を変えるのは今の時代にも大切なことである。

この「道、天、地、将、法」が、孫子の兵法の最も重要な内容の一つである「五事」なのだ。

本文にある「七計」というチェックリストは、敵と自分を比較して勝算を把握するためである。こ

解説

れを応用して、ビジネスでもライバル会社と自社の勝ち負けを予想できる。例えば、

・どちらのリーダーのビジョンが社員たちの士気を高めているか
・どちらが良い人材を幹部として登用しているか
・市場の状況はどちらに有利なのか
・どちらの意思決定が素早いか
・どちらが人材を効率的に配置しているのか
・報奨はどちらが公平に分配されているか
・どちらの社員が自分の仕事に大きなやり甲斐を感じているのか

このようなチェックリストで、ライバル会社と自分の会社の競争力を比較することができる。今日のビジネスでは「五事」とか「七計」と完全に同じチェックリストを使う必要はないだろうが、意思決定をするとき自分なりのチェックリストを使うのはいつも役に立つ。感情でなく理性で決定することができるようになるからである。

実際に、孫正義は投資先を選別するために、自社で作ったチェックリストでその会社をいちいちチェックし、成功する確率が70％以上だと判断される時に限り、投資するという。このような慎重な態度は、孫子を知る人なら誰でも持つべきである。このように項目に分けて、敵と自分とを冷静に比較するうち、勝ち負けを予想できるようになるのだ。

超訳

将の一般常識

【計篇③】

今まで説明した事柄に従う将軍は、必ず勝つから登用すると良い。
今まで説明した事柄に従わない将軍は、必ず負けるから辞めさせるべきだ。
今までの説明に従って策を練れば、出陣後に有利な「勢」を成すことができる。
「勢」とは、勝利するために作られる軍全体の態勢を意味している。

※他の訳では、呉王が今までの計略を聞いて孫子を登用すれば呉に残るが、聞かなければ去るという内容で解釈することもある。どちらでも、このくだりのポイントは同じである。

解説

「常に戦争は慎重に」は、将の一般常識で兵法の基本だが、意外と現場では守られることが少ない。現場では冷静な判断力を維持するのが困難だからである。したがって、戦争に勝つためには、前もって勝算を考慮する冷静な人を将として登用するのが重要である。

例えば、日露戦争（１９０４～１９０５）で満州軍総参謀長を務め、日本を奇跡的な勝利に導いた児玉源太郎は、開戦前に勝算が五分五分だと判断し、これを六分まで引き上げるために努力しながら、外交で、できるだけ早期に戦争を終結させる方法を考えた。

この態度は、無謀な太平洋戦争を挑んだ昭和の日本軍首脳とよく比較される。太平洋戦争時の軍部において、米国を敵に回しても勝算がないことは、周知の事実だったという。だが「無謀な戦いは中止を」と言い出すことは、メンツや国内情勢が許さなかった。

代わりに、終戦間近には「名誉のための最後の決戦」が繰り返された。このスローガンは、少年漫画の台詞として見れば格好良く見えるが、事実を直視すれば「強大な敵に一方的に虐殺される」ことに他ならない。

組織が登用すべきリーダーは児玉源太郎のように、**慎重で万事を見渡せる人物でなくてはならず、耳触りの良いスローガンを繰り返すだけの人物ではない。**国家だけではなく会社も、どんな性質の人物を経営者に登用するのかによって、運命を大きく変えるのである。

超訳

戦の基本はトリックである

【計篇④】


兵法とは、敵を騙すことである。

強くても弱いフリをし、策があってもないフリを、敵が近くにいる時は遠くにいるフリを、
遠くにいる時は近くにいるフリをすべきだ。

敵が利益を求めている時は誘い出し、混乱していると見れば、敵陣を奪う。

敵の備えが充実しているならば防御し、強い時はこれを避ける。

敵が怒っていれば、さらに心を乱し、こちらを舐めているようなら、さらに油断させる。

敵が休もうとすれば疲れさせる。

敵が団結している時は、仲違いを起こさせる。

こうして敵の無防備なところを攻撃し、不意をつく。

以上のことは勝利に有利な態勢を作るために大切なことで、計画が流出しないように注意すべきだ。

解説

「兵法とは、敵を騙すことである」は、原文「兵者詭道也」の訳である。ここで「詭道」は騙すこと＝トリックを意味する。

トリックに巧みな将軍としては、第二次大戦を戦ったドイツのロンメル将軍がいる。彼は、本国からの戦車の補給が滞り、戦力が不足した時、たくさんのフォルクスワーゲンを板とペンキで戦車に偽装して敵に奇襲をかけたことがある。早朝、砂塵を巻き上げて襲ってくる戦車の大群を目撃した英国軍は、肝を潰して逃げてしまった。

私たちは幼い頃から「嘘は悪い」「人を騙すのはよくない」と教育される。

だが、兵法と一般のモラルとは関係がない。道徳的には正しくても、戦略的には理に適っていない場合があるのである。

自然界でも、多くの動物と昆虫たちが保護色というトリックで敵を欺いて、獲物を捕食している。クモは糸で、蟻地獄は穴で獲物を騙す。アンコウは、獲物を誘惑するための餌の形をした触手を備えている。トリックのためだけに、身体の一部が存在しているのだ。

端的に言って、自然界に生存のためにトリックを使わない生物は存在しない。**トリックは、戦争の本質と言えるだけではなく、生物の生存の本質であるかも知れない。**生存の手段について「これは良い」「これは悪い」と簡単に言うことはできないのである。

超訳

戦の前に勝算を計算せよ

【計篇⑤】

開戦前の作戦会議でのシミュレーションの結果、勝ったということは、勝算が敵より多いのである。

これに負けたのであれば、勝算が少ないということである。

勝算が多ければ勝ち、勝算が少なければ負ける。

勝算がまったくないようであれば、話にもならない。

このように観察することで、勝敗はあらかじめ知ることができる。

※これは常に宗廟で祈りながらしたため、「廟算」とも言う。

解説

古代の中国では戦争の前に宗廟《そうびょう》で先祖を祀る儀式を行ったあとで、作戦の計画を立てる伝統があった。そこで勝算を予想したことを「廟筭《びょうさん》」という。

つまり、「廟筭」は、「開戦前の作戦会議でのシミュレーション」である。

筆者はこれを良い伝統だと考えている。なぜなら勝算を計算するのは理性的な行動であり、先祖に祈る行為は感性的な行動だからだ。

筆者の周りには、自信と意欲に満ちていたものの、冷静な判断力に恵まれず失敗した人がいれば、優れた判断力と明晰な頭脳を持ちながらも、意欲が足りず成功できなかった人もいた。

理性と感性、この2つは勝利に必要な条件だから、情熱的な人は理知的に考えてみる習慣を持つべきで、理知的な人は大胆に行動してみる習慣を持つ必要がある。

刑事ドラマでも、直情径行な性格の若手刑事と一緒に行動するのは、決まって冷静なベテラン刑事である。そして2人は、お互いの短所を長所で補い合って事件を解決するのだ。

勝利の2つの条件を、2人のキャラクターで的確に象徴しているのである。

Ultra Translated Suzu!

2章 作戦篇

仕事は早く終わらせろ

作戦篇では、実際に戦争を実行する時の原則について説いている。

戦争では多くの国民が動員され、莫大な物資が投入される。勝つにしろ、負けるにしろ、その過程で確実に、国家は弱体化する。

したがって、できるだけ素早く終わらせるのが、戦争の王道である。

会社でも、あるプロジェクトが終わらずに、いつまでも長引くと、会社の資産は尽きて、職員たちは意欲を失っていく。

いたずらに長い時間をかけて働いても、完璧な結果はもたらされない。むしろ、その逆である。準備は徹底にするが、実行は素早く行うのが仕事の王道なのである。

超訳

長期戦は百害あって一利なし

【作戦篇①】

軍を運用するには、莫大な食料や兵士を遠方に運ばなければならないし、外交上の費用もかさむため、大変なコストがかかる。

だから、早く勝つのに越したことはない。

戦争が長引くことで兵士たちは疲れ士気は下がり、国庫もどんどん貧しくなる。

こうなった時に敵に攻めかかられては、ひとたまりもない。

「戦争は適当でも早く終わらせろ」※という話は聞いたことがあるが、「戦争は上手く長引かせろ」という話は聞いたことがない。

今まで長期間に亘り戦争を行って、国家に利益があったためしはないのだ。

つまり、戦の害をよく知らない将軍は、戦で利を得ることはできないのである。

※原文には「拙速」とある。つまり、「適当に早く」「完璧でなくても早く」の意味。

解説

戦いで勝つこと自体も重要だが、戦いからの被害を最小限にすることも重要だ。自分より弱い相手には簡単に勝てると思うかもしれないが、弱者は強者の簡単な勝利を許さず、できるだけ長期戦へ誘導し、相手の被害を最大化する戦略を行うかもしれない。

過去のベトナム戦争においても、米国は早い勝利を収められなかったために、米国史に大きな汚点を残す結果となった。速戦即決しなければ、米国のような超大国がイラクやベトナムといった小国を相手にしても、これほどまでに苦労するのだ。

これはどんな仕事にも言えることである。会社のプロジェクトにしても、早く終わらせなければ、時間に比例して人件費の負担が増えるのはもちろん、社員たちの士気に影響する。

筆者はかつてゲーム業界で働いていた頃、30人くらいの社員を動員して、8年間に及び開発を行ったオンラインゲームを知っている。結局そのプロジェクトは頓挫した。商用化に失敗し、1円の利益も生まなかった。

筆者はそのチームのオフィスに行ってみたことがあるが、社員たちはすっかり諦めた様子で、勤務時間内に外に出てお茶をしたり煙草を吸ったりして日々を過ごしていた。会社のプリンターで他の会社に送るための履歴書を出力している者もいた。**この有様を見れば、長くだらだらと続く仕事が会社の存亡にすら関わることが分かるだろう。**長期戦が続くと、このようになるのだ。

超訳

戦争と経済的損失

【作戦篇②】


戦が巧い将は、国民から2度徴兵することなく、食料も3度と運ばずに戦を終わらせる。

そうした将は、必需品は自国のものを使うが、食糧は敵から奪ってまかなう。

戦は、遠征ともなれば食糧を大量に輸送するため、国家・国民の財政を圧迫する。

近場での戦であっても、軍がいることで物資が不足し物価が上がり、国民の財産が尽き、納税にも苦労するようになる。

そのうちに軍事力も底を尽き、こうして国民の財産の70％は失われる。

戦車が壊れ、馬は疲れるので、国家の財政の60％は輸送費でなくなってしまう。

解説

　ここでも注目すべきポイントは、戦争が国家の財政を破綻させ、弱体化を招くということである。例えば、中国の王朝・明（１３６８〜１６４４）は豊臣秀吉の朝鮮出兵の影響で国力が急速に衰え、女真族率いる後金の攻撃で滅亡してしまった。当時は現在の米国に匹敵するほどの版図を誇った明も、２つの外乱に同時に対処することは不可能だったのである。

　現代にも通ずるが、争いは国家も、人も弱体化させる。できることなら、組織内では最初から敵を作らないほうが良い。仕方なく組織内の誰かと敵対してしまったら、それ以上増やさないようにすることだ。

　会社で戦闘的な日常を送る人は、いつか必ず健康に問題が生じる。例えば米アップルのＣＥＯ・スティーブ・ジョブズは膵臓癌で亡くなったし、ソフトバンクグループの創業者・孫正義は若い頃、肝炎になって命の危機に瀕したことがある。両者の病は苛烈なビジネス戦争で受けたストレスと無縁ではないだろう。

　兵法の天才・ナポレオンも健康に多くの問題を抱えていたことで知られる。敵に対する策謀などで四六時中、頭脳を支配されていて、健康に良いはずがない。

　とはいえ長い人生、誰しも戦わなければいけない瞬間は訪れる。仕事や訴訟、周囲の人との軋轢……そのダメージを最小限に抑える方法は『孫子』の言う通り、**争いを一刻も早く終結させることだけなのである。**

超訳

敵の物を奪って使え

【作戦篇③】


そこで、良い将は敵から食糧を調達する。

敵の食糧50kgには、味方の食料1000kg分の価値があるし、敵の馬の餌30kgは、味方の600kgに相当する。

兵士が敵を殺すためには怒りが必要である。同じく、物資を奪って軍全体の利益とするためには報奨、つまり戦利品の分配が必要である。

例えば、戦車戦で敵の戦車を10台以上奪った者があれば、優先的に恩賞を与えるべきだ。

敵の旗を奪えば改造して味方の旗に使い、戦車を奪えば味方の戦車に使い、敵兵を捕らえれば味方の作戦に使う。

これが勝てば勝つほど強くなる方法である。

解説

近代以前の戦争において、掠奪はコストを減らす方法として重要な価値を持っていた。兵士個人の快楽が、国益に貢献したのである。

特に掠奪に長けた軍はチンギス・ハーン率いるモンゴル軍であろう。

彼らは敵の領地と財産と女たちを奪い尽くしただけではなく、技術者をも自分たちの物にして、テクノロジーを吸収した。技術者は厚遇し、新兵器が開発されれば、次の戦争で使用した。文字通り、戦うたびに強さを増したのである。

さらにモンゴル軍は1219年、中央アジアのホラズム地域（今のウズベキスタン中央部）を攻略する際、捕まえた住民たちを動員して城を攻撃させた。城の防御にあたっていたホラズム市民たちは、彼らの同族たちがモンゴル軍の先頭に立って堀を埋め、攻城兵器を運ぶ光景を目にした。彼らは同族に矢を放つにはしのびなく、戦意を喪失してしまった。

捕まえた敵兵を活用し、味方の犠牲を出さずに敵城を陥落させたのである。

まさに『孫子』のお手本通りの戦法である。

戦は素早く勝利すべし

【作戦篇④】

超訳

戦は素早い勝利が不可欠で、長く続けるべきではない。
戦の利害を知る将は、国民の命を司る存在で、国家の命運をも左右する。

解説

長期的にはまるで相手にならない強敵からでも、素早い勝利ならば勝ち取ることができる。日露戦争における日本が、まさにそれだった。当時の日本の指導者たちは、人口も兵も財力も日本の数倍になるロシアと長い期間戦うのは不利だと判断していた。だから戦争の初期段階で勝利を重ねて機先を制し、後は外交で解決するというのが日本の戦略であり、それは成功した。

ビジネスの世界でも、素早い勝負で勝利する戦略が有効だ。例えば、テレビや地下鉄などで多く広告される映画があるとしよう。面白そうに思えて友達と映画館に行ってそれを観たあなたは「騙された！　面白くない！」と感じてしまう。

もしかしたら自分だけがそう思っているかもしれないと思い、隣の席の友達の顔を覗き見ると、友達は寝ている。だが、もう遅い。すでにその時点で多くの人が騙されてその映画を観ているのであり、その映画は人気映画ランキングの上位に入り、莫大な利益を上げた後である。全ては映画会社のマーケティング戦略だったのだ。

この「短期間の集中的なマーケティングで、騙せるだけ多くの人を騙す」戦略は資本が多い者が好む、伝統的な手法である。失敗したらその分損失も大きくなる短所もあるが、圧倒的な資本力があれば成功する確率は高まる。このように自分の力量のすべてを短時間に集中して、素早い勝利を狙う手法は、いつも有効な戦略なのである。

Ultra Translated Sunzi!

3章
謀攻篇

戦わずして勝つのが最善

言うまでもなく、勝ち方において最善のものは、完全な勝利である。

完全な勝利とは、無傷で勝利することだ。そのためには、戦わずして勝つことである。

「戦争」というと敵とぶつかり、破壊して勝つことを想像する人が多いが、実際に相手と激しく争い、自分も血を流してしまう勝利は望ましい勝利ではない。

「謀攻篇」の「謀攻」とは、謀を使って巧みに攻撃することを意味する。つまり、力に頼らず利口に勝つ方法を教えてくれる章であるのだ。本篇は、兵法なのにまったく好戦的でない、孫子の特徴が見える篇でもあるのだ。

超訳

戦わずして勝つ

【謀攻篇①】

孫子が言うには、戦の方法としては、
敵国を傷つけず勝つのが最善の策で、敵国を打ち破って勝つのは次善の策である。

敵軍団を傷つけず勝つのが最善の策で、敵の軍団を打ち破って勝つのは次善の策である。

敵旅団を傷つけず勝つのが最善の策で、敵の旅団を打ち破って勝つのは次善の策である。

敵大隊を傷つけず勝つのが最善の策で、敵の大隊を打ち破って勝つのは次善の策である。

敵小隊を傷つけず勝つのが最善の策で、敵の小隊を打ち破って勝つのは次善の策である。

こういうわけだから、１００戦１００勝が最善の中の最善ではないのである。

戦わずして相手を屈服させるのが最善の中の最善である。

解説

少年漫画『ドラゴンボール』での主人公・孫悟空とベジータ、フリーザといった強敵との対決を読んだことがある読者は、戦いが勝者にも甚大なダメージを残すことを知っているはずだ。

戦いには勝ったものの「か……勝った」と言い残し、崩れ落ちてしまう。現代における国家間の戦争も、人間関係の軋轢も同じことである。どの争いも勝利の瞬間「やっと終わった」と思うのと同時に、とても弱った自分を発見するはずだ。もしその時に、他の敵が襲ってきたらどうする?

自然界を見ても、猿の群れのリーダーが、他の群れの猿と激しい戦いの末に勝利したのにも関わらず、リーダーの座を狙う同じ群れの猿に攻撃され、そこを追い出されることがある。追い出された猿を待っているのは、惨めな最期である。

いくら強者でも、戦いで負ったダメージによって弱体化するのである。

こういうわけで、**敵と戦って勝つのは最善の方法ではないのである。**

本文では何度も同じ形式の文章を繰り返すことで、戦わずに相手を屈服させることの重要性を説いている。軍団と戦うことも、旅団と戦うことも、大隊と戦うことも、小隊と戦うことも――つまり、どんな規模の争いもしないに越したことはないということである。

超訳

敵を損なうことなく勝利せよ

【謀攻篇②】

だから、最上の兵法は、敵の企みをあらかじめ破ることだ。その次善は、外交関係を絶つことである。攻撃して破ることは、それに次ぐ。最悪の方法は、敵の城を直接攻撃することで、これは最後の手段だ。

城を攻めるには、装備を作り、土塁を築かなければならないため、半年はかかる。

その間、将が我慢できずに総攻撃ともなれば、城を奪えないうえに、兵の3分の1は失われる。

これでは害悪でしかない。

だから戦が巧い将というのは、戦わずして敵を屈服させ、攻めずして城を獲り、長期戦を経ずして国を滅ぼす。

敵のすべてを残したまま、こちらの手中に収める。

こうした完全な勝利を収めるのが、計略を用いて戦う「謀攻」の原則である。

解説

ヤクザが派手な彫り物をする理由のひとつは、戦わずして勝つためである。一般人を脅迫する時、刺青を見せれば、よほど豪毅な者でない限り争わずに屈服させることができる。

謀攻篇でも、そのように戦わずして勝つことを勧めている。どんなに強い人でも、戦って相手を負かそうとすれば、いつかは自分も怪我をする危険がある。だから戦わずに勝つのが最善ということなのである。

これは戦争に限らず、仕事も同様である。毎日残業して家族と健康、人生を犠牲にする人がいる反面、同じ仕事をしても、もっと効率的に終わらせてしまう人がいるのだ。

例えばビル・ゲイツが世界一の富豪になったのはＩＢＭのパソコン用のＯＳ「ＭＳ‐ＤＯＳ」のおかげである。だがそれは彼が直接作ったものではない。納品日まで時間がなく直接作ることも面倒で、彼は無名のプログラマーがひとりで作ったＱＤＯＳというＯＳを安価で買った。その名前だけを変えたのが「ＭＳ‐ＤＯＳ」だったのだ。一生懸命働くのが最善の中の最善ではない。**最小限の努力で成功するのが最善中の最善である。**

「何かもっと利口な方法はないものか」

「余計な仕事を減らす方法はないのか？」

と常に犠牲を減らす態度で仕事に臨むことだ。こうすれば、あなたは仕事をずっと効率的に処理して余暇も増えるはずだ。何をするにしろ、犠牲のない、完全な勝利を目指すべきなのである。

超訳

大勢の敵とは戦うな

【謀攻篇③】

兵法の原則として、味方が敵と比して10倍ならばこれを囲み、5倍ならば正面から挑み、2倍ならば分裂させてこれを叩く。

彼我の戦力差がなければ努力して戦い、こちらが劣る場合はうまく逃れ、比べようもないときは隠れなければならない。

小勢の軍が強気でいても、大軍の捕虜になるだけのことである。

解説

戦いの方法は、当然ながら敵の戦力の多寡によって決まる。本文の通り、味方が敵に比べ大軍の場合は、敵を取り囲み心理的に圧倒するのが定石である。こうすれば、敵の士気を低下させ、簡単に打ち破ることができ、戦わずに降伏させることも可能になる。

だが、敵を囲む戦法は味方が分散するので、兵力が互角の際には不利となる。

かのナポレオン・ボナパルトは兵力が敵と等しい時にも、その手を使った。平地においては敵と等しい数の兵で、これを囲むのは困難だが、市街戦においては、兵たちを2つのグループに分けて道路の両側から進撃させることで、道路中央に陣取る敵兵を囲むことができる。敵は両側面から攻撃されることで、「包囲されている」と考え、動揺した。つまり、戦う方法は彼我の戦力差だけではなく、戦場の特徴によっても決まるということだ。

しかし、戦うにあたって最も困るのは、自分より強い相手と戦う時だろう。どうすれば良いのだろうか？

答えはシンプルで、素早く逃げるのだ。「最も有効な護身術は走ること」としばしば言われるが、これは冗談ではなく、兵法の基本的な原則に基づいているのである。**「彼我の戦力差がなければ努力して戦い、こちらが劣る場合はうまく逃れる」**という部分は『孫子』の中でも重要な教えであり、兵法の基本である。「兵法三十六計」にある「走為上《そういじょう》」――つまり「勝ち目がないならば、戦わず逃げて味方の損害を避ける」と同じ話である。

超訳

君主が犯しやすい3つのミス

【謀攻篇④】


将は、国家の補佐役である。補佐役と主君が結束することで国は強くなるが、これにスキがあると必ず弱体化する。

そこで、君主が軍事について注意しなければいけないことが3つある。

1つに、軍が進んではいけないことを知らずに進撃を命じ、逆に引いてはならぬところで退却を命令すること。これでは軍は猿ぐつわを噛まされているようなものだ。

2つに、君主が軍の事情を知らぬまま軍事行政に干渉すること。これでは将士は当惑するばかりである。

3つに、軍のシステム※を理解せずに、人事に口を出すこと。これは兵が疑いを持つ原因となる。将兵の混乱と疑心暗鬼は、他国に攻めこむスキを与えることになり、勝ちを手放すことになってしまう。

※原文には「不知三軍之権」とあり、「権」には「軍の体系」・「軍の行政」の意味がある。

解説

この部分は「君主が犯しやすい3つのミス」が列挙されているが、この3つに共通する要点は**「軍の現場の実務をよく知らない君主が、軍の仕事に干渉してはいけない」**ということである。

例えば映画制作では、映画会社が監督を雇って映画を作る場合、会社のプロデューサーが監督に色々と干渉するものだ。

だが、映画の内容について最もよく分かっているのは監督だから、干渉が改善に繋がらず、しばしば「改悪」になることも多い。

「この部分には濡れ場を入れてください。一ヵ所くらいは刺激的なシーンが必要ですから」

とプロデューサーが言っても、

「作品の性質上、こんなところに濡れ場なんて全然合わないじゃないか」

監督はこう思うという具合だ。

このような時には、会社は最大限、監督の決定を尊重すべきである。

映画の権利も命令する立場も、会社の側にある。しかし、過度な干渉は、信頼できる監督を雇うことに失敗した、と自ら告白しているようなものだ。

会社でも社長より実務者である部下の方が、仕事の実態をよく分かっているケースが多い。

超訳

勝利のための5つの条件

【謀攻篇⑤】

そこで、勝利を手放さないために踏まえておくべき5条件がある。

1・戦うべき時、戦うべきでない時をわきまえる者は勝利する
2・大軍と小勢、それぞれの用い方を知る者は勝利する
3・上下の人々の心を一つにする者は勝利する
4・準備を万端にして、油断している敵に当たる者は勝利する
5・優秀な将に君主が干渉しなければ、勝利する

以上が勝利を引き寄せる5条件である。

解説

この5つの基準は、現代の私たちにも有効だから、次のようにビジネスバージョンに書きなおしてみよう。

1・この仕事をするべきか、しないべきかを判断できる人は成功する

兵法での「戦うか、戦わないか」の判断は、ビジネスに置き換えれば「このビジネスをするか、しないか」ということになる。

ロナルド・ウェインという人がいる。彼は42歳の頃、小さなコンピューター会社を設立したばかりの2人の若者にリクルートされ、大人として彼らの顧問役を務めた。彼はこの会社の株式の10％を与えられていたが、やがて「この会社は危ない」と判断し、800ドルで売ってしまい、若者たちとも決別した。この会社の名前は「Apple Computer, Inc.」という。彼が800ドルで売った10％の株の価値は、この本を書いている時点で約30兆円に至る。ロナルドは完全に判断を誤った。このように、仕事を頑張ることも大切だが、「するか、しないか」は、さらに重要なのである。

2・組織の全体像と細部を把握している人は成功する

2005年4月、JR福知山線で発生した列車事故は、死亡107名、負傷者562名を数えた。その原因のひとつは、会社が2分に1台の運行時間を守るために、運転手にプレッシャーをかけつ

づけたことだとされる。もし運転手がどのくらいのストレスを受けるのかを社長が理解していたら、事故は避けられたかもしれない。会社全体の経営も大切だが、細部に向ける目も持ち合わせていなければ優れたリーダーとは言えないのである。

以上は大きい組織を経営しながら、細部を知らなかったために失敗した事例だが、細部だけを知って大きい組織の経営を知らずに、失敗することもある。

例えば、家族で経営してきた小さなレストランに人気が出て、それを拡張しようとする人が失敗したりする場合がある。これは小さな組織の運営を知っているが、大きい組織の運営は研究しなかったからである。

解説

3・上司と部下が一つの意志を持っていれば成功する

同じオフィスにいても、上司と部下に埋めがたい温度差があるのをよく見る。

部下は一生懸命働いているのに、上司は側で株式投資をしているチームを見たことがあるし、上司は意欲が高く、あれこれと部下に指示を出しているのに、部下は転職のことしか頭にないチームも見たことがある。このようにならないために大切なのは、何より経営者の役割であろう。

「私たちは、なぜこの仕事をしなければならないのか」「この仕事を完成すると、あなたにどういった利益があるのか」ということを提示し、統率しなければならない。

解説

4・準備をして機会を待てる人は成功する

江戸時代、応仁の乱から続いた戦国時代に終止符を打った徳川家康を評して「織田がつき、羽柴がこねし天下餅、座るがままに食うは徳川」と揶揄する声があった。織田信長と豊臣秀吉が築いた天下の地盤を、家康は引き継いだだけだ、というのだ。しかし、彼はただ「座るがまま」に天下を獲ったのではない。

関ヶ原の戦い、大坂冬・夏の陣の手際の良さが、家康が大望のために準備をしていたことを物語っている。チャンスが来てから頑張るのでは遅い。チャンスが来る前から、最後の勝負のために全ての準備ができていなければならないのだ。

5・優れた実務者に干渉しない度量を持つ人は成功する

筆者が見た、あるゲーム会社では、技術をまったく分からない文科系のボスが、2ヵ月単位で中間結果のプレゼンテーションを要求していた。その結果、全ての開発者たちが製品よりも中間結果の報告書作りに血道をあげる事態になり、もちろん倒産した。

経営側にいる人間が、現場の人間よりも仕事に詳しいことは、まずない。だから経営側は、全体の方向を決めるだけで、実務は現場に委任するのが良いのだ。成功のためには、実力のある真面目な部下と、焦らないボスが最も良いコンビなのだ。

敵を知り己を知れば、百戦危うからず

【謀攻篇⑥】

超訳

敵を知り、味方を知れば100度戦っても危険はない。
味方を知り、敵を知らなければ、勝ったり負けたりする。
敵を知らず、味方も知らなければ、戦うたびに必ず危機に陥る。

解説

孫子は「敵を知り、己を知れば、絶対に勝てる」とは言わず、ただ「危うからず」と言った。「危なくない」とは、敵に勝利の機会を与えないということだ。戦いに巧みな者は、「必ず勝つ！」と敵にかかっていく者ではない。相手に勝利の機会を与えるようなスキを見せず、逆に相手が自分に勝利の機会をもたらす瞬間をじっと待つ者である。

後漢の時代、官渡の戦い（２００）において、10万もの大軍を率いた袁紹《えんしょう》が、１万とも言われる寡兵の曹操に敗れたのも、自分の力を過信して、自軍の「虚」を点検しなかったからである。彼は優秀な軍師・田豊《でんほう》を、自分に意見したという理由で投獄したり、無能な縁故者を重用したりした。

こういった態度に不信感を募らせた陣営内では派閥争いが起き、高官が曹操に内通するに至った。結果、袁紹軍の弱点を高官から聞いた曹操が劇的な勝利を収めた。袁紹は自ら敵に、絶好の勝機をプレゼントしたのである。

このように、戦争の勝敗は、**勝者が自分の勝利を作り出すのではなく、敗者の過ちで勝利をプレゼントされることで決まるのが普通である。**したがって、無理に勝利を求めるのは間違っているのだ。勝とう、勝とうとする前に「１００度戦っても負けない」ようにするのが、正しい指導者の態度というものだ。

Ultra Translated Sunzi!

4章 形篇

勝利した後戦え

形篇の最も重要な部分は「勝敗は戦いの前に決まっている」というところである。

敗者は戦う中で、勝とうと努力するが、勝者は勝てる態勢を作った後、もう負けることが決まっている敵を相手にして、容易く勝利を収める。

ビジネスでも同じく、無闇に仕事をスタートさせて成功しようとするのは愚かな考えで「成功しない方がおかしい」と思えるほど準備を重ね、勝利が約束された中で働くのが成功の秘訣なのである。

形篇は、その後に続く勢篇と虚実篇の序章に該当する章で、計篇などの章とも通じるものがある。

さあ、形篇を読んでいこう。

超訳

味方の勝ちは敵次第、敵の勝ちも味方次第

【形篇①】

昔から、戦に巧みな人は、敵が味方に勝てない態勢を作った後、味方が敵に勝てるチャンスを待った。

敵が勝てない要因は、私の中にある。私が勝てる要因は、敵の中にある。

だから、いくら戦に巧みな人でも、敵を勝たせないことはできても、敵に必ず勝つことはできない。

味方の態勢を整えることはできても、敵の態勢は敵情に左右されるからである。

負けぬ態勢とは、守備に関わることで、勝てる態勢とは、攻撃に関わっている。

守備は味方の兵力が不足している時にすべきで、攻撃は兵力が充実した時にするべきだ。

守備が上手な将は、地の底に隠れるように、攻撃を得意とする将は、天空を飛行するように行動し、いずれもその正体を現さない。

だから味方を傷つけることなく、完全な勝利を収めることができるのである。

解説

この本文の中で重要な部分は**「敵が勝てない要因は、私の中にある。私が勝てる要因は、敵の中にある」**という部分である。

味方の勝因が味方の中にあるのではなく、敵の中にあることに注目してほしい。つまり、勝つためには自分が強ければ良いのではなく、相手の側にスキがなければいけないのだ。

武術が巧みな人は、ただ体が大きく、力が強いだけの人ではない。敵の急所はどこなのか、敵の関節をどう攻略すればテイクダウンすることができるのか、などをよく知っている人である。いくら拳が強い人でも、敵の強いところを打って倒すことはできない。反面、敵の急所を的確に打つことで、力に依らず相手をダウンさせることができる。

自分と相手、双方に内在する、敵を勝利に導く要因を「虚」という。武術では急所や関節が、その「虚」にあたるのだ。柔道は、その虚を攻略するために発達してきた武術である。今日私たちが目にしているのは相手を投げたり、関節を極める技術だが、昔はそれだけではなく、目や首といった人間の急所を攻撃するテクニックを教えていた。

武術だけではない。**ビジネスにおける些細な交渉事でも、力ずくで押し通すのではなく相手の「虚」を把握することによって、好影響を期待できる。**

超訳

勝った後戦え

【形篇②】


一般大衆と同じように勝利を見る将は、最高の将とは呼べない。

大衆が皆、手放しで褒める、目に見える勝利は、最高の勝利ではないのだ。

鳥の羽を持ち上げたところで、力持ちとは呼ばれない。

輝く太陽と月を見られる目を、いい目とは呼ばない。

雷鳴を聞くことができる耳を、いい耳とは呼ばない。

古の名将たちは、一般大衆には見えない、こうした勝ちやすい機会を捉えて勝利したものである。

だから彼らが勝利した時には、智謀の名誉も、武勇の功績も与えられることはなかった。

彼らは戦う前に負けている敵を、当然のように打ち破ったに過ぎないからである。彼らは味方を不敗の態勢にして、敵を破る機会を逃さなかったのだ。

勝利する将は、勝利した後、戦う。

負ける将は、戦った後、勝利を求める。

解説

自分の戦略が良いか悪いかを判断する、良い方法がある。**「これがもし映画化されたら、面白いかな？」**と考えてみることだ。映画化して面白いストーリーになりそうな作戦なら、諦めたほうがいい。

逆に、映画化しても退屈なストーリーになってしまい「これでは興行に失敗するだろう」と思ったら、戦略としては良いものだということだ。映画とか漫画はあくまでもエンターテインメントだ。弱い主人公が登場し、強力な敵と命をかけて戦い、ぎりぎりの場面で逆転して勝利を収める。観ていて痛快な構図ではあるが、このような劇的な勝利は現実には滅多に存在しない。我々は格好良く、劇的に勝った人を英雄だと思うが、本当に巧みな戦略家というのは、当然のように勝利を手中に収めていくものなのだ。だから本文でも「彼らが勝利した時には、智謀の名誉も、武勇の功績も与えられることはなかった」と言っている。

太平洋戦争での日本軍は、戦況が悪くなると戦闘機で敵の水上戦力に特攻作戦を行った。この通称「カミカゼ・アタック」の数は敗戦の直前の１９４５年4月~6月にピークに達した。これが兵法として理に適っているのかと言えば、確かに映画の良い素材になりそうな劇的な作戦であるから、戦略としては失格なのである。

良い勝利は、当然な勝利で、劇的な勝利ではない。それは本文の言う通り、「もう負けた敵」と戦って収めた勝利だからである。弱い敵を相手にして勝つのが格好良く見えるはずがないが、この**格好良くない勝ちこそ、最も望ましい勝ち方であるのだ。**

超訳

戦争は、天秤で分銅の重さを量るが如し

【形篇③】


戦が巧い人は、味方をうまく団結させ、軍の体系を立派に確立する。

そして、味方と敵とを比較するうえで重要なのが「度」「量」「数」「称」「勝」の5要素である。

1・度……戦場の分析
2・量……戦争に必要な物資の量を考える
3・数……動員すべき兵力の数を考える
4・称……彼我の能力を比較する
5・勝……勝敗を考えること

まず、戦場を決めるにあたり、その広さや、戦地までの距離を考えなければならない（度）。

広さや距離が算出されれば、次はその地に投入すべき物量が決まる（量）。

物量が決定されると、次はその物量に沿った兵力の数が決まる（数）。

超訳

兵力が定まれば、敵との戦力差を比較することが可能となる（称）。

あとはその勝敗を判断するだけだ（勝）。

このように戦は、天秤に２つの錘《おもり》を載せて重さを比較するようなものだ。

重い錘と軽い錘を秤にかけるが如く、その勝敗はすでに定まっている。

自軍を重い錘にできる将は、まるで集まり溜まった大量の水が※、深い谷底へ流れ落ちるように勝利を収める。

※「集まり溜まった大量の水」は原文では「積水」となっており、住宅メーカー大手・積水ハウスの社名はこのくだりからの引用である。つまり、この社名には「怒涛の勢いで流れ落ちる水の如く、いつも勝つ準備ができている会社」という意味が含まれていると思われる。

解説

このくだりを要約すると、

「勝負は戦いの前に決している」ということである。

これは『孫子』の重要な前提であり、特に「計篇」と「刑篇」の理論的基盤になっている。

ビジネスでも同じく、

1・市場の規模
2・市場を占有するために投入すべき資本
3・必要な職員の数
4・ライバル会社との能力の差
を計算してみれば、
5・勝算（予想占有率など）
が自ずと導きだされるだろう。
これらは大企業のトップたちが物事を考えるプロセスに酷似している。
我々は普段「大企業の大規模な事業は、どのようなプロセスを経てスタートするのだろう」と疑問に思うが、彼らの考え方には、ある種単純な面があって、商品の質や消費者が感じるディテールよりも、需要と供給などの数値に焦点を合わせて考える傾向がある。
例えば、大手ゲーム会社がサッカーゲームを作る場合、経営者たちはゲームの内容よりは、そのジャ

解説

ンルへの需要や、競争相手の販売量などに気を遣う。

実は、こういう態度はゲームのようなエンターテイメントよりは、製造業や流通業などの需要と供給が重要な分野で有効な思考法だろう。

社業だけではなく、個人の成功も、

1・叶えたい夢（目標）
2・勉強すべきこと
3・投資すべき時間と努力
4・ライバルたちの能力と自分の能力の差

を次々計算してみれば、

5・この夢は叶えられるのか

が、分かるはずだ。

ビジネスにしろ、個人の夢にしろ、一歩立ち止まって考えてみることで成功の可能性について大抵の予想は立てられるのである。

5章 勢篇

システムで勝負せよ

Ultra Translated Sunzi

強い軍隊の兵が皆超人ではない。同じように、成功する企業の社員たちが、皆天才ではない。勢篇では一人ひとりの能力に依存するより、システム的アプローチで勝負することを勧めている。

戦争に勝つためには、兵一人ひとりがスーパーマンになる必要はない。

もし、スーパーマンを必要とする作戦で勝とうとしたら、兵をそのように育てる訓練にも多くの時間と資金がかかる。

もし、そのように手塩にかけて育てた兵が戦死したら大変だろう。

スーパーマンがいなくても平凡な兵で勝てるのがシステムの威力なのである。

超訳

部隊編成で勝利する

【勢篇①】

大勢の兵を率いても、まるで小隊を指揮しているかのように整然としているのは、部隊の適切な編成の賜物である。

大軍で戦闘をしても、少人数の小競り合いのような指揮ができるのは視覚的信号（旗など）や聴覚的信号（銅鑼《どら》など）を適切に運用しているからである。

配下の大軍が、敵のどんな出方にも巧く対応して、負けることがないのは、「正」（定石）と「奇」（奇手）を的確に使い分けているからである。

巧い組織編成をすれば、小隊を指揮するように、整然と大軍を率いることができる。

あたかも石を卵にぶつけるように、たやすく敵を叩き潰すことができるのは、万全な味方で敵のスキを突く「虚実」の運用がそうさせるのである。

解説

孫子の兵法の「勢」とは、組織の構成と体系、そしてそれらを動かし作る全体の態勢を意味する。つまり、個人ではなく組織で勝負する全てが「勢」であるのだ。

古来の戦争は、兵士一人ひとりの強さではなく、この「勢」によって勝負が決まった。

混乱している戦場で大勢の兵士を一つのように動かすことはとても難しく見える。これを可能にするのがずばり部隊の編成と命令体系の確立である。

これのいい事例は、チンギス・ハーンのモンゴル軍の組織編成に求めることができる。モンゴル軍は十進法で編成される、シンプルな方式を使っていた。最小単位は10人で構成される。これを「10人隊」と呼び、これが10個集まって「１００人隊」、さらにそれを10個集めて「１０００人隊」、最大の単位が「万人隊」となる。この単純明快な編成でカーン（部族の王）の命令を兵一人ひとりにまで伝達させることができた。

戦の際は、３個の万人隊がひとつの部隊を形成し、戦闘となれば、その３個が左・右・中央でお互い協力して戦った。また彼らは黒い旗と白い旗を使う信号で大規模な騎兵を縦横に動かした。太鼓、ラッパの音もなく、整然と押し寄せるモンゴル騎兵の攻撃は、敵を混乱させた。

このように、**モンゴル軍は単純明快な部隊編成と、一糸乱れぬ命令体系があった**ため、敵にスキを見つけると、素早くそこに集中して攻撃することができたのである。

これぞ、強い組織の典型と言えよう。

【勢篇②】

「正」と「奇」は四季の如し

超訳

戦は、「正」(定石)を用いて敵と合戦し、状況に応じた「奇」(奇手)で打ち破るのである。

「奇」を巧みに操る軍の戦略は、天地のように極まることがなく、大河の水のように尽きることもない。

これはまるで、繰り返し明暗が訪れる日月のようでもあり、終わったと思えばまた始まる四季のようでもある。

解説

「正」は「定石」とか「基礎的事項」、「奇」は「奇手」や「バリエーション」と解釈することができる。もっと分りやすい例にしてみよう。

あなたがアイスクリーム屋を経営していたとして、美味しいアイスクリームを作れば、それは「正」だ。変わったデコレーションでアイスクリームを装飾すれば、それは「奇」だ。また、あなたが歌手だったとして、歌が上手ければ、それは「正」だ。さらにユニークなダンスを開発して、公演を楽しくしたら、それは「奇」だ。

マイケル・ジャクソンのムーンウォークを想起して頂きたい。

彼は抜群に優れた歌手であるが、ダンスとも切り離して語ることはできない。彼が美声のみを売りにした歌手であったら「スリラー」は全世界で1億枚を超えるヒットになっただろうか。マイケルにとっての「奇」はダンスであったが、美声という「正」と併せて、彼の代名詞となった。

しかし、現代の歌手にとって、もはやダンスは「奇」とまでは言えない。それは、マイケルの圧倒的な成功によって、「歌って踊れる」ことが「正」となったからに他ならない。

「正」が「奇」を生み、「奇」が「正」を生む。これを「奇正相生」といい、だから戦略の世界には終わりがないのである。

超訳

「正」と「奇」の限りないバリエーション 【勢篇③】

音楽の音は宮《きゅう》、商《しょう》、角《かく》、徴《ち》、羽《う》の5声（中国音楽の音階）に過ぎないが、その組み合わせは際限がなく、色も5色（現代の理論では赤・緑・青の3原色）に過ぎないが、それらが混じり合う変化には限りがない。

味も酸《さん》・苦《く》・甘《かん》・辛《しん》・鹹《かん》の5個に過ぎないが、その無数の組み合わせを味わい尽くすことはできない。

それらと同様に戦の方法は「正」（定石）と「奇」（奇手）の2つがあるばかりだが、そのバリエーションは無限である。

この2つの関係は、互いが互いを生み出すものであり、その有様は丸い輪に終点がないのと同じである。誰にも究めることはできないのだ。

解説

Googleは世界で最も人気のある検索エンジンである。だがGoogleが最初から検索エンジンの代名詞になったわけではない。

Googleが登場する以前には、Yahoo!が検索エンジンの代名詞だったし、Yahoo!以外の検索エンジンもみんなYahoo!と似た外見をしていた。つまり、検索エンジンと言えばYahoo!のようにメインページがニュースや広告でいっぱいのものであった。だから人々もそれが当然なことだと思っていた。それを変えたのがGoogleだった。Googleには検索ボックス一つしかないから、それを初めて見る人々は「何これ?」と考えるほどだったという。中にはページが完全にロードしなかったと思い、何もせず待つ人もいたという。

Googleの創業者たちは数学専攻の学生であり、かれらは「PageRank」と呼ばれる、「多くのページからリンクされているページが最も良質なページである」という画期的なアルゴリズムを開発した。「他の検索エンジンより、ずっと良質な検索結果を見せる検索エンジン」、これは「正」である。「メインページには検索窓以外のものを配置せず、広告は検索結果で見せる」、これは「奇」である。だがこの「奇」は「検索をするためだけのトップページ」という基礎的事項、即ち「正」を踏まえたものである。**「誰も考えなかった、基本に忠実な戦法」は「正」でもあるが、このように「奇」にもなり得る。**つまり成功を収める戦略とは、「正」に取って代わる「奇」であったり、基礎を「奇」に昇華させた「正」であったりするのだ。

勢いと節目

【勢篇④】

超訳

激しい水の流れが、岩石すら押し流すのは勢いがあるからである。

狩りをする鷹が、獲物の骨を打ち砕くほどの一撃を加えることができるのは、節目を心得ているからである。

名将の戦は、その勢い激しく、節目を間違えない。

「勢い」とは、ちょうど石弓を目一杯引き絞るようで、「節目」とはその手を放す時のようである。

解説

読者の多くが経験されたと思うが、同じ時間内で仕事をしていても、その期間をフルに使ってコツコツ働くよりは、資料を集めるなど入念な準備をした後、最後の短い時間で素早く仕上げた方が、仕事がうまくいくことが多い。

『ロジャー・ラビット』で有名なアニメーション監督、リチャード・ウィリアムズは、キャラクターデザインをする時、ラフ画を描くようなことは一切せずに、数ヵ月かけて集めた資料をイメージボードに貼って眺めてばかりいた。

ある日、プロデューサーが「リチャードは何をやってるんだ。絵が一枚も完成していないじゃないか」と言い出す頃、一気に「ベビー・ハーマン」という面白いキャラクターを完成させてみせた。

3ヵ月間コツコツとひとつのデザインを作りあげていくより、その3ヵ月間をリサーチに費やして、しかるのちに一気に仕上げた方が良いということだ。

また、前者はひとつのデザインしか完成させることはできないが、後者は3ヵ月間のリサーチを活かし、次々にデザイン案を量産することができる。

他の仕事も同じことであり、**石弓を目一杯引き絞るように準備を重ね、矢を放つように一気に終わらせるのが良い**のである。

これが「勢い」を用意し、「節目」で勝負するということである。

超訳

システムで勝負せよ

【勢篇⑤】

安定している時にも、混乱の芽がある。
勇敢な振る舞いの中にも、臆病な心が生まれる。
剛強の中にこそ、軟弱さがある。
個人はどこまでいっても、弱い存在なのである。※
治まるか、乱れるかは、兵たちをどう組織するかによって決まる。
勇敢になるか、臆病になるかは「勢」つまり全軍が作っている態勢によって決まる。
強くなるか、弱くなるかは「形」つまり組織全体の構成によって決まる。

※この文章は原文にはないが、意味を明確にするために意訳として挿入した。これなしでは、前の3行の真意が明確にならない。

解説

日本理化学工業はチョークなどの文房具を生産する企業である。この会社は、日本最大のチョーク会社だが、特異な点は社員の70％が知的障がい者だということだ。社員が知的障がい者であると仕事が進まないと思われるが、日本理化学工業は問題なく製品を生産している。

チョーク工場では、材料を配合する作業が多いが、障がい者たちは文字を読むことができず、容器の材料を区別することができない。さらに配合する時も「１００ｇとは何か」という概念を理解することができないという。ではどうして、この会社は彼らを雇用し、成果をあげることができたのか？

それは、チョークの材料の容器を赤色や青色などで区別したからだ。文字を読む代わり、色で材料を区別するようにしたのだ。重さを量るときにも、天秤の分銅を色で区別した。材料を配合している間の時間を計るために、砂時計を使った。

このように、**システムで個人の能力を克服して、問題なく製品を生産している**のである。

会社では部下がミスをした時、その人に問題があったということで叱られるのが常だ。だが、個人を責めるより、システムを改善することでミスがなくなるかもしれない。

日本理化学工業も、最初から知的障がい者を雇用したのではない。偶然、養護学校の教師から頼まれて２人の少女を雇ったのが初めだそうだ。それがきっかけで、障がい者でも仕事ができる色々なシステムを考案し、素晴らしい福祉モデル企業となったのである。

敵を誘い出す方法

【勢篇⑥】

超訳

巧みに敵を誘い出すには、こちらの弱点を、敵に分かるようにはっきりと見せて、それに食いつくようにする。敵に何かを与えると、敵はきっとそれを取りに来る。利益を餌に敵を誘い出し、攻撃のチャンスを待つのである。

解説

敵を自分の意のままに動かすコツは、小さい利益を餌にすることである。

紀元前700年の中国で、楚が絞（いずれも国名）を攻撃したとき、絞軍は城門を固く閉ざして篭城を始めた。守りは堅く、楚軍は1ヵ月を過ぎても城を落とせずに時間を浪費していた。楚が擁する戦略家・屈瑕は王に、木こりに変装した味方の兵を城の付近に派遣し、森で木を切らせて絞軍を誘き出す作戦を提案した。

当時の木材は現代における石油のようなもので、それなしで戦争をすることは考えられなかった。絞軍は予想通り、木こりから木材を奪うために城から出撃してきた。木こりに扮した楚の兵たちは計画通りすぐに撤退し、絞軍は簡単に木材を手に入れた。

翌日はさらに木こりが増えていたので、絞軍も兵を増やして木材を奪った。

同じ事を繰り返して6日目、絞の大軍が木材を奪おうと城を出ると、待っていたのは楚の伏兵であった。楚の奇襲に絞軍はひとたまりもなく、撃破されてしまった。

「バカな絞軍」と思ったかもしれないが、このように**小さい利益で敵を動かす戦法は、今日の詐欺師たちもよく使う手である。**カモを選んで、少額で投資させ高金利の利子を与える。

これを繰り返せば、被害者は最大限の財力で投資するようになる。詐欺師はそのお金を頂いて、姿をくらますというわけだ。

現代社会を生き残るためにも、兵法を勉強して自分の物にすべきなのである。

超訳

個人の能力ではなく、全体の勢いで勝負

【勢篇⑦】

名将は、戦の勢いによって勝利を得ようとし、個人の能力に頼らない。
だから適材を、組織の適所に配置して、勢いのままに従わせることができる。
その様は坂道で丸太や石を転がすが如くである。
丸太や石は平地に置いても微動だにしないが、坂に置けば、たちまち転がり出す。
角があれば止まってしまうし、丸ければ転がり続ける。
巧みに兵を戦わせる勢いは、千仞《せんじん》の山から石を転がすように留まることがない。
それが戦の「勢」というものである。

解説

組織とシステムの力で勝利する方法は、どの分野にも適用できる。

20世紀初頭、ヘンリー・フォードが自動車を大量生産するまで、車は熟練した職人が注文製作によって作る貴重品だった。

自動車の全てを知り尽くす専門家が、エンジンからハンドルまですべてを組み立てる方式だったのだ。フォードはそんな中にあって、製造工程を単純な作業に分割し、分業化に成功した。一人ひとりの担当する作業は、とても簡単なものとなり、未熟な労働者も短期間の教育で自動車製作の一部分を担当できるようになったのだ。当然、人件費も専門家の比ではない。

こうして、貴重品だった自動車が、一般の人も買うことができる商品となった。

このように**「システム的な問題解決」はいつでも有効なのである。**個人の能力に期待せず、ルールを変えることで、全体に結果を及ぼすことができる。

システム的な問題解決のいい事例として、温室効果ガスを減らすために導入された「排出権取引」がある。一つひとつの工場や会社に干渉するより、二酸化炭素を排出する権利を売ったり買ったりできるルールを導入することによって（制度がきちんと機能すれば）全世界の国の排出量を意図通りにコントロールできるのである。

Ultra Translated Sunzi!

6章 虚実篇

敵の虚を打て

戦争はスポーツではない。

正々堂々と、正面から対決して勝とうとするのは純真すぎる考えである。敵の弱点を探し、それを攻略して敵を倒すのが実戦の掟なのだ。

あなたがそうしないなら、きっと敵があなたの「虚」を攻撃して、あなたを倒すだろう。

したがって、自分にスキがないように徹底して防御しながら、敵がスキを見せるチャンスを待つこと、それが勝つ者のやり方である。

敵の虚は、行動パターン、ミス、欲望など、色々な所に散らばっている。虚実篇ではこれらを利用して勝つ原理について説明している。

超訳

先手を打て

【虚実篇①】

戦場に先に着いて、敵を待ち受ける軍は楽だが、敵より遅れて戦場に駆けつける軍は骨が折れる。だから名将はいつも先手を打って、相手を思うままに料理する将であり、絶対に相手の思うままにはならない。

解説

通常、スポーツは敵味方双方の準備ができてからゲームを始める。しかし、実戦にルールはない。先に攻撃を始める方が、無条件に有利なのである。したがって「先手の重要性」は『孫子』が説く最も重要な教えのひとつであり、事実、戦争史における勝利のほとんどは先手を打った者が手にしている。

唐の名将・李靖のことを、人は「中国史上最高の名将」と呼ぶ。彼は指揮をとった戦いのほとんどで勝利を収め、特に突厥《とっけつ》帝国（今の中国に匹敵する領土を持っていた）を滅ぼしたことで、その戦略眼の確かさを証明した。

なぜ李靖は連戦連勝を重ねることができたのか？　彼の戦略の核心は、敵を先に攻撃する、つまり先手を打つことだった。機動力に優れる騎兵を中心にして、**敵の思いもよらない急所を突き、どんな敵でも破ることができた**。

先手の優位性は色々な分野で証明されている。例えば囲碁では先手の黒が圧倒的に有利であるため、6目半のハンディキャップを設けるのが一般的である。試合がスタートしてからしばらくは、白は黒の出方を窺わざるを得ず、その主導権の差が試合が終わる頃には6目半の差になっているということだ。

ビジネスにおいては言うまでもないだろう。**私たちが自動販売機で目にするコーラは、コカ・コーラ社製が多いか、ペプシコ社製が多いか、思い出してみることだ。**

超訳

敵を思うままに操る方法

【虚実篇②】


敵が向こうからやってくるのは、利益に釣られてのことだ。

逆に敵の進撃を防ぎたいときは、害になることを示せば良い。

戦が巧い人はこのようにして、敵が休もうとすれば疲労させ、食糧を食べようとすれば飢えさせ、慎重で落ち着いていれば、乱すことができるのである。

解説

公園に住んでいるサギは、池にいる鯉を狩る時、人間が落としたパン屑を利用する。サギがパン屑を池に落とすと、鯉はそれを食べるために水面に上がってくる。公園の池にいる鯉は観賞用に飼育されているので、水面に撒かれた飼料を食べる習性がある。それを待っていたサギは、素早く獲って食べてしまう。

サギは鯉の習性を「虚」として利用し、誘い出して捕食したのだ。「敵が向こうからやってくるのは、利益に釣られてのこと」というわけだ。

このように、相手の欲望を「虚」として利用するのが、相手の行動を操るうえでの原理である。「戦が巧い人はこのようにして、敵が休もうとすれば疲労させ、食糧を食べようとすれば飢えさせ、慎重で落ち着いていれば、乱すことができる」のくだりはいじめっ子の心得のようである。

強い敵と正々堂々と渡り合うのは骨が折れるが、疲れ果てて倒れる寸前の敵であれば、簡単に勝つことができる。イスラムの名将・サラディンは、十字軍と戦う時、敵が戦場に来るまでの道々に射手を伏せておいて、大いにこれを悩ませた。サラディンは戦う前に相手のコンディションを乱すことに注力したのだ。

このように戦いに勝つためには、サギのように相手が持つ「虚」を利用することも重要だが、サラディンのように**色々な作戦で敵を弱点だらけにすることも重要であるのだ。**

超訳

弱点を突け

【虚実篇③】


敵の先回りをしたり、思いもよらないところに急進したりして、長い道のりを行軍しても疲れない軍は、敵対する者のいない土地を選んで行軍しているのだ。

そして、名将が、攻めては必ず奪取するのは、敵が守備していないところを攻撃するからで、守っては敵を寄せ付けないのは、敵が攻撃できないところを守るからである。

これで敵はどう守って良いのか、攻めて良いのか分からなくなる。

この微妙さは、やがて無形の境地に至り、この神秘さはやがて無音の境地に至る。

こうなれば、敵の運命も思うがままである。

解説

イタリアの海辺には絶壁の上に白い家が建ち並ぶ街があり、観光客に人気がある。

今となっては観光地として好評だが、元々これらの家は、サラセン海賊の侵略から生き残るために造られたのだ。絶壁に建てたのも海賊の攻撃から守るためだし、道が狭くて曲がりくねっているのも海賊の侵入を妨害して逃げる時間を稼ぐためだった。

「サラセン海賊」はヨーロッパ人がイスラム教徒の海賊を指して使った総称で、彼らの襲撃は7世紀から1000年もの間続き、多くのヨーロッパ人が殺害されたり奴隷になったりした。注目すべきは、サラセン海賊は大軍ではなく、小型の船数隻で動く、少数の組織だったことである。にも関わらず、多くの人が1000年もの間、苦しめられ続けたのである。

そのわけは、海賊の巧みな戦法にあった。サラセン海賊は、固く防備した都市は攻撃せず、**その周りから徹底して掠奪する**ことで、都市を封鎖する方法を使った。四方が掠奪され、封鎖されて恐怖した市民は、莫大なお金を払って海賊に撤収を頼んだのである。**海賊は強いところを避けて、弱いところを打つことで、結局都市全体を屈服させたのである。**

こうして見ると、海賊たちは『孫子』の忠実な実践者であった。また、彼らは貿易船に偽装して接近したから、あらかじめ防備する方法がなかった。さらに、海を利用したのは「敵対する者のいない土地を行軍」したと言える。そして彼らのアジトは、敵が知らないところにあったため、「敵が攻撃できないところを守った」わけである。こうしてサラセン海賊は「無形の軍」となるに至ったのである。

超訳

敵の虚だけを攻撃せよ

【虚実篇④】

敵がこちらの進撃を止められないのは、それが敵の虚（スキ）を突いた進軍だからである。
敵がこちらの後退を止められないのは、それが素早く、追いつけない後退だからである。

解説

このくだりを一文で分かりやすく表せば、「敵に『虚』があればこれを攻撃し、『虚』がなく強ければ、無理せず素早く後退せよ」である。

「虚」は敵が普段「まさか」と思って警戒していない所である。紀元前、カルタゴの英雄・ハンニバルがローマを攻めるために越えたというアルプスが、まさにそれだ。冬にアルプスを越えるのは、理論的には可能かもしれないが、実行すれば大勢の兵を失う危険な行為である。

実際にハンニバル軍もアルプス越えに多大な犠牲を払ったし、ハンニバル自身も病気で片目を失ったが、まったく備えがなかったローマ軍の「虚」を突くことに成功した。

朝鮮戦争（1950～1953）における「仁川上陸作戦」も良い事例である。これは戦局を打開するため、マッカーサー元帥が考案した作戦だったが、米海軍からは大いに反対された。当時、仁川は干満の差が非常に大きい（平均7メートル）地帯で、干潮の時には広大な干潟となってしまう。そんな所に7万人の兵と装備を揚陸するのは不可能であるという判断だった。だが実際に作戦が行われた結果、まったく予想していなかった所から攻撃された北朝鮮軍は散々に打ち破られた。

韓国には「『まさか』が人を殺す」ということわざがある。

あなたの作戦が、敵の「まさか」になる時こそ、勝利はあなたのものになるだろう。

超訳

戦いたい時と戦いたくない時

【虚実篇⑤】


こちらが敵と戦いたければ、たとえ相手が土塁を高く積み上げ深い堀を掘って、城に籠って戦うまいとしても、戦わせることができる。

なぜなら、敵が救援したくなるような重要な所を、こちらが攻撃するからである。

逆にこちらが戦いたくない時は、土塁や堀を必要とするまでもなく、地面に区切りを描いて守るだけで、敵を避けることができる。なぜなら敵の攻撃が※、そのまま敵自身の損害になるように仕向けて、進んでこられないようにするからである。

※この文は「乖其所之也」の訳。「乖」は「ずれる」「乖乱」の意で、「敵が自己矛盾に陥るようにして」等と訳することもできる。人質事件の誘拐犯は「自分を捕らえようとすれば人質が殺される」という状況を作り出すが、これは「乖」の代表的な事例といえる。

解説

この部分は『孫子』において特に有名なくだりではないが、実用的に考えると、とても重要である。なぜなら次の2つの状況は、ビジネスにおいてしばしば起こることだからだ。

1・こちらは争いたくないが、相手は戦いたがっている時
2・こちらは戦いたいが、相手は避けたがっている時

特に1は、2よりも重要である。本文では「敵の攻撃が、そのまま敵自身の損害になるように仕向ける」とあるが、これはどういうことなのか？　良い事例を見てみよう。

1812年、ロシアに進攻したナポレオンは、領内に入って当惑した。いくら行軍しても、当のロシア軍が見当たらないのである。街に入ってみるが、家々は焼き払われ、食糧もなくなっていた。極寒の中、広大なロシア領を進むフランス軍は補給が滞り、現地調達もできず、疲弊していった。「冬将軍」に負けたナポレオンは撤退し、やがて没落していくのである。

ロシアは直接戦う代わりに、全土を焦土にして軍も消えるという非常識の戦略で、厳しい寒さがナポレオン軍を撃破するようにしたのである。相手を攻撃するのは、攻撃することで得られるものがあるからだが、ロシアはナポレオン軍が得られる利益を全て消して苦労させる方法を使ったのだ。

では、相手が侵略で得られる利益をあらかじめ消してしまえば、相手が最初から攻撃を諦めるよ

解説

うにすることもできるのではないだろうか。

第二次世界大戦の時、ヒトラーは同盟国のイタリアへの最短ルートを確保するために、スイスを占領しようとした。それに対しスイスのアンリ・ギザン将軍はドイツに絶対に降伏しないこと、そしてもし占領されたらアルプスのトンネルと重要な橋を全て爆破し、ゲリラ戦を始めることを誓った。結果、ドイツはスイスに進攻しなかった。

スイスは相手が自分を攻撃しても得られる「利」をすべて消して、戦争を避けることができたのだ。ドイツにしてみても、トンネルや橋がない、ゲリラが跋扈する国を侵略する利点は、何もなかった。戦いたくないために、決死の覚悟を相手に示すというのは逆説的だが、敵が攻撃で得られるメリットを消すことで、国土を守りぬいたのだ。平和が欲しければ戦争の準備をすべきということだ。

では、2つ目の問題「私は戦いたいが、敵は戦いたくないとき」はどうするのがいいだろう?

この場合は、相手が先に動くようにしたい状況である。

例えば、あなたが泥棒で、あるお金持ちのお金を盗みたいと仮定してみよう。

あなたは彼の莫大な財産が欲しいが、彼は全てのお金を銀行に預金しているから、現金を盗む機会は滅多にない。銀行でお金を引き出す時を狙って奪えば良いと思われるが、銀行の中で奪うのは危険で、彼は車に乗って帰るはずだから道で奪おうとしても機会がない。

解説

２０１０年8月10日、韓国のソウルで起こった事件に、その模範答案がある。

銀行で約１０００万円を超える大金を引き出したS氏は車に乗った後、３人の外国人に車の外から声をかけられた。彼らは英語とボディーランゲージで「あなたのお金がこっちに落ちているよ」と言っていた。

S氏が車から出てみると、確かに道に１０００ウォン札（約95円にあたる紙幣）が散らばっている。S氏が熱心にそれを拾っている間に、さきほどの外国人たちは助手席に置かれていたお金のカバンを持って消えてしまった。

警察が後に彼らを逮捕して取り調べた結果、この３人は同じような手法の罪を1週間前にも犯していたことが判明した。小金を道に散らして誘い出し、そのスキに大金を盗むという手法は一見すると陳腐な手法だが、このように利口な企業家たちも騙されているのだ。

彼らは許しがたい窃盗団だが、**相手の「虚」を作り出すために利益で誘い出したという点だけを見れば、立派な『孫子』の実践者であったのだ。**

超訳

味方は集中させ、敵は分散させる

【虚実篇⑥】

戦においては、敵にはっきりした態勢をとらせて、こちらは水の如く無形になるべきだ。そうすれば、こちらは敵の態勢に応じて、好きなところに自在に戦力を集中させることができ、疑心暗鬼になった敵は分散して戦わざるを得ない。

敵味方が互角だったとしても、10に分散した敵のひとつを、自在に集中させた味方で叩けば10倍の兵力で敵と戦っているようなものだ。

解説

兵法では「味方は集中させ、敵は分散させる」戦略が大切である。

それを実感するために、あなたが不良の高校生だと仮定してみよう。あなたは日々、悪友達と群れを成して煙草を吸ったり喧嘩したりするわけだが、ここで大切な戦略は「いつも群れを作って徘徊する」ことである。道行く人に「何見てんだ、コラ?」と難癖をつける時も、隣町の不良共と仲が悪い時にも、群れを作っている方が心強いだろう。

しかし夜遅く、仲間と離れているあなたが、煙草を買おうとコンビニに入った時、大勢の仲間を引き連れた隣町のライバルに「おい、ちょっとこっちに来いよ」と言われる状況を想像してみよう。戦力の分散は戦時に不利となるのである。

現代の会社においても、会社のリソースを色々な事業に分散させる企業より、一つの事業に集中させる企業が成功する傾向がある。

例えば、アップルはiPhoneというたった一つの電話だけを作っているが、iPhoneが誕生した当時のライバル、モトローラ社はその逆だった。携帯電話は種類が多すぎて、消費者はおろか自分たちも混乱するほどだった。在庫、生産システムの管理、マーケティングなども複雑になり、経営戦略を立てるのが難しくなる。会社を成功させるために、製品も戦略もすべてを一つのプロジェクトに集中させるアップルのような手法は、会社のすべてをシンプルにすることで可能となる。

超訳

敵の守備を崩せ

【虚実篇⑦】

戦う時、敵がどこを攻撃されるのか、予想できないようにせよ。
こうすると、敵は守る所が多くなって戦力が分散し、必然的に守りが薄くなる。
先方を守れば後方が手薄となり、後方を固めれば先方の防御が薄くなる。
左を守れば右が手薄となり、右を守れば左が手薄となる。
このように四方八方を固めようとすれば、どこもかしこも小勢しかいなくなる。
つまり、敵に守備をさせる軍が強いということだ。

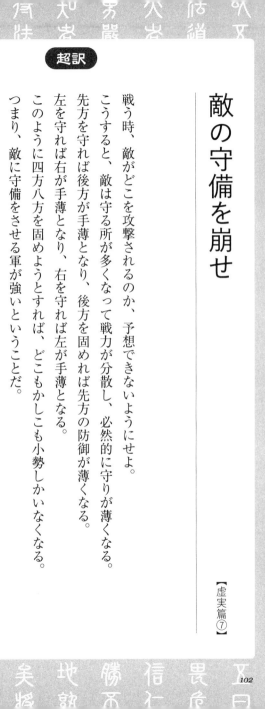

解説

ホラー映画では、モンスターや幽霊が、いつ現れて、どう襲ってくるのかまったく予想できない。予想ができたら怖くもなんともない。

「予想できない、正体の分からない敵の攻撃」こそ、恐怖の源である。

戦いにおいても、敵がいつ現れてどちらを攻撃するか分からない状態では、いくら強い人でもノイローゼになる。たとえ攻撃がないとしても、常に緊張を強いられるため、ひどく疲れるのだ。

2009年夏、アメリカ海兵隊はタリバーンを討伐するためにアフガニスタンに派兵された。敵の激しい抵抗を予想していた米軍は、到着して驚いた。敵の攻撃が激しかったからではなく、相手がどこにも見当たらなかったからだ。その地域はタリバーンの影響力が強い所だったが、敵が見えないということは、いつ奇襲してくるか予想できないことを意味していた。海兵隊は皆緊張し、到着して一週間もすると疲弊してしまったという。

「予想がつかない散発的な攻撃で敵をいじめ抜く」のはいわゆるゲリラ戦術における王道である。これは少数の兵力で大軍を苦しめることができるということで、戦術の中でも、最も費用対効果が高いとされる。

「どうせ我々は、お前たちには勝てないが、その代わりにたっぷりと苦しめてやる」という精神である。ゲリラ戦だけでなく、すべての戦争で、予想できない所を攻撃するのは攻撃の定石で、勝利する戦略の必須要素であると言える。

超訳

兵力の集中には地形の情報が不可欠

【虚実篇⑧】

戦場の地形と開戦の時期を知る将は、遠く千里離れた味方とも連携して戦うことが可能だ。これを知らぬ将は、すぐそこにいる部隊とすら連携できない。このように、分散している軍は、味方と協力して戦えない無力な存在である。したがって、敵国※から大軍が押し寄せたとしても、分散させることで無力化できる。分散して無力化した敵ならば、大軍であっても小勢で打ち負かすことができる。要するに、不利な状況にあっても、勝利は人為的に作り出すことができる。ただ、そのためには、次のように情報を集めて活用するべきだ。戦いの前に敵情を探り、利害損得の見積もりをする。戦場の形を分析することで、戦場の有利・不利を判断する。敵を刺激し動かしてみて、敵の動く方式を知る。そして小競り合いの中で、自分と敵の長所・短所を把握する。

※原文では、この敵国が「越」になっている。『孫子』の作者の孫武は呉の将軍で、呉と越は仇敵だった。ここでは「越」に言及せず、一般的な話として訳した。

解説

「味方を集中させ、敵を分散させる」ことが重要だと知っていても、**難しいのは「どこに集中させるのか」という問題である。**余計なところに兵力を集中させては、元も子もない。

正確な戦力集中に必要不可欠なのは、戦場の情報である。

紀元前52年、アレシアの戦いは情報の重要性が勝敗を分けた有名な戦争である。

この戦闘は、ローマ軍がガリア地方（現在のフランス）を占領するために、ガリアの指導者ウェルキンゲトリクスの本拠地アレシア要塞を包囲してから始まった戦闘である。その時のガリア軍の数は、要塞の中に8万人、外には25万人、騎兵８０００人の大軍であったが、ローマ軍の方はというと、5万の兵がいるばかりであった。にも関わらずローマ軍はガリア軍に完勝し、ガリア地方をローマの領土にすることに成功した。

その勝因は、**情報の差**にあった。ローマ軍は戦いの前にアレシア要塞を囲む巨大な壁を建設し、敵の補給を断つことで心理的に圧倒した。敵将はこの壁に阻まれ、戦況の把握ができなくなった。そしてローマの将、カエサルは戦場に数多くの高い望楼を建てて、戦場を一日に見ることができるようにした。こうすることで、どこに兵力を集中すれば良いか、的確に把握したのだ。これぞ「敵国から大軍が押し寄せたとしても、分散させることで無力化できる」の通りの戦術である。

超訳

無形の境地に至れ

【虚実篇⑨】


理想の軍があるとすれば、それは水のように無形になる軍である。

形が無ければ、敵のスパイが潜り込んでも情報は得られず、策も仕掛けられない。

無形であることが勝因だと、一般大衆はどうして勝ったのか分からない。

勝った味方の形は知っているが、その形をどう統制して勝ったのかは将のみぞ知るところである。

戦に勝利した方法は、二度と繰り返してはならず、限りない変化に対応していかなければならない。

だから、軍の形の理想は水なのである。

水の流れが高いところを避けて低いところを走るように、軍も敵の強いところを避け、弱いところを攻撃するべきだ。水が地形に合わせて流れを定めるように、軍も敵情によって自らの形を変えて勝利するべきなのである。

超訳

五行の木・火・土・金・水の中のどれか一つがいつも強いのではなく、四季の中のどれかひとつで月日が止まることもない。

日は季節によって長短があり、月にも満ち欠けがある。この自然の原理と同じで、軍がとるべき形も絶えず変化するのである。

解説

「無形の境地になれ」

「水のようになれ」

これらは孫子を知らない人たちも聞いたことがある格言だろう。

では無形の境地とはなんだろう。


文字通りの無形の敵といえばホラー映画や小説によく登場する透明人間がある。

透明人間が恐ろしい理由は、透明人間が超人的に強い力を持っているからではない。彼が目に見えないからだ。いつ、どこから攻撃してくるかを全然予想できないから恐ろしいのである。

戦争も同様である。

敵が何を考えているか、いつ、どこから攻撃してくるかを知っていればそれを防備することができる。だが敵が何を考えているかを全然知らなければ、それほど不安なことはない。だから戦略の達人たちは、敵が予測できないように動く作戦をよく使う。

アメリカの南北戦争の英雄、シャーマン将軍がそんな戦略を作った。

北軍を率いた彼は、敵を攻撃するとき目的地がどこかを絶対明らかにしなかった。例えば敵の陣地がAとB2つがあるとなれば、わざとAとBの中間地点に行軍するのである。すると敵はAとBのどこを防備しなければならないか予測できなくなる。だから軍を分散してAとBに配置する。す

解説

るとシャーマンの軍はAでもBでもなく、他のところのCを一気に攻めてそれを占領してしまうのである。

シャーマンは1864年、アメリカ南部に進軍するとき、軍を分けて、一つはアウグスタへ向かうように、一つはメイコンへ向かうようにした。すると南軍は北軍の目標がアウグスタかメイコンかわからない。南軍は兵力を両分して2つとも防御するようにした。

だがシャーマンはどれも攻撃せず、その中央を突破して南軍の最大の普及本部だったコロンビアを攻撃し、それを徹底的に破壊した。シャーマンにより致命的な被害を受けた南部連合は再起不能になり、戦争は翌年北軍の勝利に終わった。

以上は「無形の境地」の立派な事例である。

「敵が私の計画を知らないようにしろ」

「敵に情報を絶対に与えるな」

と書き換えれば分かりやすいだろう。

Ultra Translated Sunzi

7章
軍争篇
先に要地を抑えろ

「軍争」とは、有利なポジションを先に取るための競争のことだ。

戦争で勝利する軍は、善く戦う軍ではない。戦争で勝つ軍は、必要な時、必要な場所にいる軍である。

つまり、有利なポジションを占めるのは、実力以上に重要である。古来の多くの将たちは、要地を先に取る方策とか、行軍を早める方法を色々と研究して来たのである。

ビジネスでも、成功者となるのは、実力が最高の者とは限らない。必要な時、必要な所にいる者であるのだ。

有利なポジションを巡る戦いは、現代のビジネスでも大切であり、これが軍争篇の主題である。

超訳

有利なポジションを先に取る秘策

【軍争篇①】

戦争は将が主君の命を受け、兵を集めて軍を組織し、戦場に赴き敵と対陣する。この全てが難しい仕事だが、その中でも軍争（戦場における有利なポジションを、先に制するための争い）ほど難しいことはない。

軍争に巧みな将は、迂回したのにも関わらず、直進してくる敵より早く目的地に到着することができるし、このような不利※に見える行動で利益を得ることができる。

これは、迂回しても、利益で敵を誘い出して行軍を手間取らせることによって、敵より遅く出発しても、先に要地を占領することができるからだ。

これを迂回を直進に変え、一見不利に見える作戦で利得を得る「迂直の計」という。

※これは「以患爲利」の意訳で、直訳すれば「自分の「患」で利益を作る」である。「患」とは「害」と同じ意味で、全体の文意は「害（不利）に見える作戦で利を得る」となる。

解説

敵と戦う時は、実力も大切だが、有利な拠点を先に押さえるのはそれ以上に重要である。

例えば、**いくら優秀なスナイパーでも、四方が開いている平地にいれば、ビルの上に隠れている下手なスナイパーに簡単にやられてしまうだろう**。だから実戦では、先に有利なポジションを取るための競争が激烈なのである。

どの戦場にも「ここを拠点にすれば勝てる！」という場所があるものだ。そんな場所の情報を、こちらだけが知っている場合は密かにそこを占めれば良いが、大抵はこちらが欲しがる場所を、相手も欲しがっている。本文で「全てが難しい仕事だが、その中でも軍争ほど難しいことはない」と言っているのは、こういうわけなのである。

では、どうすれば敵より先に、この場所を獲ることができるのか？

『兵法三十六計』に「暗渡陳倉《あんとちんそう》」という故事が登場する。これは紀元前２０６年、劉邦《りゅうほう》配下の韓信《かんしん》が、トリックを使って敵の章邯《しょうかん》より先に陳倉を奪った逸話だ。韓信は進軍する方向をわざと敵に見せた後、密かに他の方向に迂回して、戦略的要地である陳倉を占領した。これが「迂直の計」のお手本である。

日常、目的地に向かうには、直進が最も早い方法である。だが、戦争の時、占めたい所に直進したら、こちらの意図が敵にバレて激烈な抵抗に遭うだろう。こういう場合は迂回して敵を欺く方が、直進より早くなるのだ。

超訳

行軍のトレードオフ

【軍争篇②】

有利なポジションを巡っての競争は、味方が利益を得る場合もあるが、危機に陥る場合もある。

全ての部隊が共に動けば、行軍速度が下がり、敵より遅くなる危険がある。

逆に、個々の部隊が別々に行軍すると、輸送隊が遅れて孤立する危険がある。

輸送隊を欠く軍隊は兵糧を欠き、財貨を欠くことになり敗退する。

かといって重い鎧を外して、昼も夜も休まず、通常の倍速での強行軍を１００里続ければ、疲れた軍は満足に戦えず、完敗してしまうだろう。

強健な兵士が先に着き、疲労した兵士は遅れてしまって10人のうち1人しか戦場に行き着けないからである。

これが50里だと兵士の半分だけが、30里だと3分の2だけが到着して、先鋒の部隊は戦力不足になってしまう。このように、戦場に素早く進軍することと、戦力の欠損は一体であり、そのトレードオフを考慮しなければならない。

解説

早い部隊が遅い部隊を待っていれば、行軍が遅くなり、要地を敵に奪われる危険がある。だからと言って早い部隊が先に行ってしまえば、戦力が分散されて、敵に撃破される危険がある。このようにトレードオフがある選択肢からひとつを選ぶのは、将にとって難しいことだ。

会社でも似たことが起きる。筆者の友達の小さな会社の事例を紹介してみよう。

社員Aは在庫の情報を管理する仕事を指示され、社員Bはその作業を効率化する、在庫管理ソフトを作ることを指示されたとする。ソフトが完成するまでは5ヵ月ぐらいかかる。

Aは、その5ヵ月間、ノートで在庫の情報を管理した。計算は電卓でして、ボールペンでノートに書く、臨時のシステムを構築したのだ。5ヵ月が経って、Bは在庫管理ソフトを完成させた。だが、Aは今更それを使いたくない。仕事はもうノートで事足りているし、今まで手作業で記録した数字を改めて入力するのは面倒だ。

このケースは、本文にある、個々の部隊が別々に行軍して、早い部隊は先に行ってしまって、遅い部隊は遅れてしまう場合である。こんな場合は、次のような方法を使えば良い。

まず、Bは暫定的に使えるシンプルなシステムをAに提供し、Aがそれを使って仕事をする間に、完全なシステムを構築する。システムが完成できたら、Aのデータファイルを載せる。

行軍のトレードオフを克服するためには、対応策を常に研究しなければならないのだ。

超訳

風林火山

【軍争篇③】


戦争は敵を騙すことを中心とし、利益を優先して行動し、分散と集合で形を変える。

その過程で、軍は風のように迅速に進み、林のように息をひそめて待機し、攻撃する時は火のように、動かない時は山のように、隠れるときには陰のように、行動は雷の如く激しく起こすべきだ。

敵の村を掠奪すれば兵士たちに分け与える。

敵の領土を奪えば部下たちに分け与える。

作戦の利と害を天秤で比較するように冷静に判断して、行動を決める。※

さらに「迂直の計（112ページ）」を知る将が勝利を得る。

これが軍争の原則である。

※これは「懸権而動」の意訳で、「懸権」は「天秤で比較する」という意味。つまり、「利と害を天秤で比較（懸権）することで動く」ということである。

解説

このくだりは「風林火山」と呼ばれ、武田信玄の旗印として、とても有名である。しかし、この文章の真意を正しく理解している人は、驚くほど少ない。

「風林火山」のくだりが言いたいのは、「どんな軍事行動を起こすにしろ、うやむやに動かず、目的に合わせて確実に、節度を持って臨め」ということである。要するに「行動のテキパキさ」を強調した文であるのだ。

この動きを具体的にイメージするには、ライオンや猫の行動を想像すればいい。

筆者の愛猫バンビちゃんはバリニーズという種類の長毛のシャム猫である。

バンビが生まれて8ヵ月が過ぎた頃、家の中にハエが入ってきた。バンビは生まれて初めて見る、その小さな獲物に意識を集中した。ハンターの本能に目覚めたバンビは全ての動きを止めて、**山のようになって窓際のハエを観察し始めた（山）**。そしてハエが窓ガラスに止まったのを見て、**林のように静かに接近した（林）**。再び山のようにハエを凝視していたバンビは、**スキと見るや疾風の速さでハエを襲った（風）**。ハエはかろうじて逃れたが、**バンビは執拗な連続攻撃を繰り出し（火）**、ついに捕まえてしまった。

幸いバンビはハエを食べることなく逃がしたが、動物の狩りを観察していると「風林火山」が何を表しているのか実感することができる。**兵法の本質は自然界の先祖の戦略と同じ**であり、動物たちはそれを本能で知っているのだ。できることなら、我々の日々の仕事もこのようにありたいものだ。

超訳

兵たちの動きを一致させよ

【軍争篇④】


戦場では口で命令しても聞こえないから、太鼓や鐘の鳴り物を使う。

また、遠くで戦う兵のためには、旗を使って信号を送る。

つまり昼間の戦には旗を使い、夜間には鐘や鳴り物を使うのである。

兵たちの動きが統一されていれば、勇ましい兵が勝手に進撃することはないし、臆病な兵が勝手に退却することもない。乱れた戦場でも味方は混乱しないし、前後も分からないような混沌とした戦場でも打ち破られることはない。

つまり、旗、鉦、太鼓などを使う事で、兵たちの動きを一致させることができるのだ。これで全軍の士気と心を一致させて、敵を圧倒することができる。※

※原文は「故三軍可奪氣、将軍可奪心」で、直訳すれば「三軍（全軍）は気を奪うことができ、将軍は心を奪うことができる」になる。原文の意味が不明確で、「敵の気を奪い、敵の将軍の心を脅かすことができる」などと意訳する場合もある。

解説

この項は大軍を指揮する方法を説いている。

統率が下手な軍は、本文の表現を借りれば「勇ましい兵は勝手に進撃し、臆病な兵は勝手に退却する」。これはシステムではなく、個人の感情によって動く組織の描写である。

個人の感情に左右される軍は、皆がひとつのミッションのために動きを一にする軍に、絶対に勝てない。将軍の命令が数万の兵一人ひとりに至るまで正確に伝達され、動きを一致させる軍こそが、最強の軍であるのだ。

では、どうすれば数万を超える人間を、一人の意志で動かすことができるのか?

匈奴、金、元、清などの中国の巨大帝国は、軍を階層で分割する方法を使った。皇帝の命令が、階層の下に次々伝達され、全体の軍を意のまま動かす方法だった。だが、階層組織だけで巨大な組織を統率することはできない。問題は、階層間のコミュニケーションである。

中国の歴史を見ると、小規模だった遊牧民が成長して巨大帝国になった事例が少なくない。その理由は、遊牧民は狩りをしながら、**常に旗などでお互いのコミュニケーションを訓練するからである。**司令官から一人ひとりの兵士に至るまで、命令伝達に問題が無い時こそ、全体の軍は行動を一致して効果的に戦えるのである。

会社でも同じく、仕事をしながら常にお互いのコミュニケーションを訓練するべきだ。そうすると、あなたの組織も中国の遊牧民のように巨大帝国に成長するかもしれない。

超訳

弱い敵を強い味方で討つ

【軍争篇⑤】

兵※というものは、戦闘を始めた頃の気力は鋭いが、途中になるとそれが衰え、長く続くと疲れて帰ることばかり考えるようになる。

名将は気力が充実した敵と衝突するのは避け、疲れて帰ることばかり考える敵を討つようにする。これが士気で打ち勝つということである(治気)。

よくコントロールされている軍で混乱した敵を討ち、冷静な軍でざわめく敵を倒す。これは心理を押さえるということである(治心)。

栄養状態が良い兵で、飢えている敵を叩く。これは戦力を治めるということである(治力)。

よく整備され、戦力が充実した敵陣には手を出さない。これは敵の変化を待って打ち勝つということである(治変)。

※これは「是故朝氣鋭、晝氣惰、暮氣歸」の訳で、戦争の過程を朝、昼、夜に比喩したもの。この比喩を解さず、文字通り「朝方の気力は鋭いが、昼頃になってそれが衰え、夕暮れになれば〜」のように誤訳されることが多い。

解説

このくだりは「四治」と呼ばれ、強い状態の味方で、弱い状態の敵を討つ4つの方法である。

1・治気……敵と味方の士気を治め、疲れた敵を討つ

ベトナム戦争（1955～1975）における米軍は、日中はベトナムの酷暑に苦しめられ、夜は蚊の猛攻に晒された。この戦争が失敗に終わったのは、米軍のコンディションが悪かったのが原因のひとつである。

2・治心……敵と味方の心理を治め、混乱している敵を討つ

いくら強い軍でも、攻撃に備えていなければすぐに崩れる。戦国時代、織田信長が一躍名を挙げた桶狭間の戦い（1560）では、織田軍が今川義元の軍が油断しているところを奇襲して勝利を収めた。

3・治力……敵と味方の力を治め、補給線を断つ

太平洋戦争において米軍はしばしば日本軍の延びきった補給線を断ち、飢えさせた。ラバウル戦線の日本軍指揮官、今村均大将は補給線が寸断される前に駐屯地に農地を作り、食糧問題を解決した。軍が戦うためには衣食住の補給が必須であり、常に気をつけるべきなのだ。

4・治変……敵と味方の変化を治め、弱い敵を討つ

同じ軍でも、弱い時と強い時が必ずある。『孫子』が何度も説く通り、戦いは敵が弱い状態の時に仕掛けるべきである。武田信玄はほとんどの戦闘に勝利したが、それは精強な敵には手を出さなかったことが大きい。敵の変化を勝負に活かしたということだ。

Ultra Translated Sunzi!

8章 九変篇

戦場の変化に対応せよ

入念に計画を立てておいても、状況が予想通りに展開せず当惑したことは、誰にも一度はある経験だろう。「九変」とは多様な変化を意味し、本篇では戦場の変化に対応することについて説いている。

戦争で勝つ者は、初期の計画に執着する者ではない。戦場の変化によく対応する者が戦争を制する。これは数多くの戦史から読み取れる。

ビジネスでも、未来の状況の変化を、全て予想しようとするより、変化に対応するシンプルな原則だけを持って、状況の変化に即時に対応するのが最も賢い方法である。「九変篇」ではこのような対応の原則について説いている。

超訳

用兵の原則

【九変篇①】

用兵の原則は、次のようである。
高い丘にいる敵を攻めてはいけない。
険しい地勢の所には長く留まらない。
丘を背にして攻めてくる敵は迎え撃ってはならない。
退却に偽装した挑発には乗ってはならない。
士気が高い敵に攻めかかってはいけない。
敵の囮《おとり》を追いかけてはならない。
母国に撤退していく敵軍を追撃してはいけない。
敵を包囲したら、必ず逃げ道を開けておく。
窮地に立たされた敵を圧迫してはならない。

解説

この原則は「弱者の戦略」「強者の戦略」「騙されないこと」の3つに分類できる。

1・弱者の戦略

弱者の戦略の原則は、有利な状況に置かれている敵とは戦わないことである。「高い丘にいる敵」「丘を背にして攻めてくる敵」「士気が高い敵」はすべて、自分より有利な敵である。

勝算の低い戦いをするのがダメなのは、計篇からも学んだ一般常識であるだろう。

2・強者の戦略

強者の戦略の原則は、敵に逃げ道を開けておき、やる気を削ぐことである。「母国に撤退していく敵」「包囲された敵」「窮地に立たされた敵」に対しては、確かにこちらが有利ではあるが、これを圧迫すると必死に抵抗してくる可能性がある。「窮鼠猫をかむ」ということわざを記憶して欲しい。

3・騙されないこと

「無料のチーズはネズミ捕りの上だけにある」というロシアのことわざがある。利益に従うだけで、囮の可能性を考慮しない者は、いつかきっと敵に騙されるのだ。

戦いの基本はトリックで、敵に一度騙されるだけで形勢が一転することがしばしばある。したがって騙されないことは弱者の時にも強者の時にも、常に守るべき原則なのである。「退却に偽装した挑発」「敵の囮」「険しい地勢」などは、すべて罠である。人生において、一生をかけて築いた財産を、詐欺で一瞬にして失う人がいる。嵌《は》まらないよう、気をつけることだ。

超訳

5つの状況

【九変篇②】

道の中にも、通ってはならない道がある。
敵の中にも、撃ってはならない敵軍がある。
城の中にも、攻めてはならない城がある。
土地の中にも、奪ってはならない土地がある。
主君の命令にも、受けてはならない命令がある。

解説

ここでは、セオリーと違う行動をするべき状況を説いている。

これらの特殊な状況下にあっては、普段ならまともに相手にすべき道、敵、城、土地、命令に対しても、変わった行動をすべきだということだ。これを「五利《ごり》」という。

1・通ってはいけない道

普通は、歩きやすい道があれば、そこを行軍するのが常識だが、ほとんどの伏兵はそういった道に伏せているものだ。現代のビジネスでも、簡単そうに見えるビジネスに進出してみると、同業他社が強力だったり、意外と支出が多かったり、思ったよりも市場が小さくて勝負にならないことがある。歩きやすそうな道があっても、よく調べる必要があるのだ。

2・撃ってはいけない敵

普通は弱い敵を前にしたら、これを攻撃するのが常識だが、彼らがこちらを釣り出すための囮である場合もある。そうでなくても、もっと重要な目的がある時は、余計な戦いはしないに越したことはないだろう。

3・攻めてはならない城

戦争においては、多くの城を占領するに越したことはないが、防備が固い城や占領しても旨味がない城の場合、利益より損失の方が大きくなってしまう。例えば、アメリカ史上最大の企業破綻を

解説

起こしたエンロンは、本業のエネルギー関連事業だけではなく、パルプや通信事業などの他業種も手がけていた。無理をして手広く事業を展開したのが、破産の決定的な原因だった。パルプや通信事業は、エンロンにとって「攻めてはならない城」だったのだ。

4・奪ってはならない土地

攻めれば奪い取れる土地の中には、占領する価値のない土地、占領しても守りきれない土地がある。前述した「攻めてはならない城」と同様に、こういった土地は手を出すに値しない。

5・受けてはならない命令

将は主君の命令に従わなければならない。しかし、これにさえも、例外は存在する。主君が戦場の状況をよく分からないまま下した命令には従う必要がない。

戦国時代、織田家に仕えていた豊臣秀吉の配下には竹中半兵衛、黒田官兵衛という2人の名軍師がいた。1578年、織田家の重臣・荒木村重が反乱を起こし、城に立て籠った。これに対し、官兵衛は説得の使者に立ったが、失敗し囚われてしまった。

「官兵衛が反乱軍に付いた」と勘違いした信長は、彼の子供を殺すよう命じた。しかし、**官兵衛が敵に囚われていると確信していた半兵衛は、子供を殺すフリをして密かにかくまった。**

果たして敵城が陥落すると、ボロボロになった官兵衛が牢から助けだされた。信長は自分の処断を後悔したが、子供は半兵衛の下で生きていた。信長は大変喜んだという。半兵衛は自分の決断を

解説

信じて勝手に行動したわけだが、**現代の会社員には別の選択肢もある。**

１９６４年、堀場製作所は患者の呼吸を測定し心肺機能を調べる医療機器を開発していた。そこを見学した外部の研究員は、この技術を、自動車の排ガスを測定するために応用することを提案した。堀場雅夫社長はその提案を断った。医療という高潔な目的のために作られた機械を、排ガス測定に転用するのはとんでもないと、不快になったのだ。

ある日、堀場社長が工場を視察していると、一人の社員が排ガス測定器の試作をしているのを発見した。社長は自分の許可もなく勝手に仕事をしていることに怒り、叱りつけたが、**その社員は気圧された様子もなく、かえって社長を説得にかかった。**自動車会社は、絶対にこの製品を必要とする。トヨタ、日産、ホンダなどに売れれば、３台は最低でも売れるという論理だった。こうして製作を始めた排ガス測定器だったが、３台どころではなく３０００台、３万台と売れていき、会社全体の売上の３分の１を占める主力商品になった。

堀場製作所はこの本を執筆している時点で、エンジン排ガス測定器の分野で世界のシェアの80％を占めている。製作を提案した社員、大浦政弘は堀場製作所の２代目社長になった。このように、時には自分が正しいと判断すれば、上司の命令であっても従わず、かえって説得しようとする態度は重要である。**このようなことができる社員は会社の宝なのである。**

超訳

将は、様々な変化に対応して利益を得るべき【九変篇③】

「九変の利」に詳しい将軍は軍の扱い方をわきまえていると言うべきだが、詳しくない将は、戦場の地形が分かったとしても、その地形を利益のために活かすことができない。

軍を率いながら「九変の利」に明るくない将は「五利」[※]を分かっていても兵たちを充分に活用することができない。

※「五利」とは126ページで登場した5つを指す。

解説

「九変の利」とは、「多様な変化に対応する方法」を意味する。つまり、「多様な変化に適応できない将は駄目だ」ということが、このくだりのポイントである。

世界最大の写真用品メーカー・コダックは、フィルムカメラを初めて発明し、長い間カメラ市場を独占した企業である。１９８４年には職員が14万５０００人に達し、米国の30大企業のひとつに数えられた。

だが、デジタルカメラが使われ始めてからも、この分野に投資せず、むしろフィルムカメラ事業への投資を拡大するというミスを犯した。「フィルムカメラに比べればデジタルカメラなど玩具同然」という態度であった。もちろん、初期のデジカメは解像度も低く実用に耐えなかったが、富士フイルムなどのライバル社は、その可能性に注目していた。

コダックの社内にも「デジタルカメラに移行しましょう」という意見がなかったはずがないが、それは意図的に無視された。同社は業界のシェアを失い事業の縮小を余儀なくされ、数万人の社員をリストラして悪あがきを続けたが、結局２０１２年に破産した。

時代の変化への対応は、過去の成功を多少なりとも裏切ることで達せられる。コダックの経営者たちは、それができなかった。時代の変化の風を感じる能力がない人物は、良いリーダーにはなれないのである。

利と害

【九変篇④】

超訳

賢い将というのは、一つのことを考えるのに、必ず利と害を同時に考慮する。利を考慮することで仕事に自信を持つことができ、害を考慮することで潜在的な問題を解決することができる。

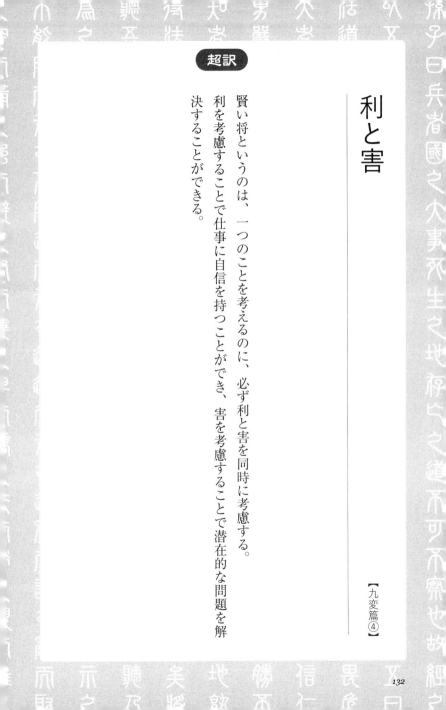

解説

光があれば影もあり、長所があれば短所もあるのがこの世の常である。どんな意志決定にも得ることがある反面、失うこともある。だから、トレードオフをよく考えなければならない。

コーヒー専門店スターバックスは元々、イタリア式の正統エスプレッソの味を活かすために脱脂牛乳を使わなかった。だが、初期のスターバックスに来た多くの客は、

「脱脂牛乳のオプションはないですか？」

と訊いてきた。米国では肥満の問題が深刻で、多くの人が脂肪を抜いた牛乳、つまり脱脂牛乳を飲むからである。会長のハワード・シュルツは、深く悩んだ。彼はイタリアで飲んだ〝元祖の味〟をそのまま米国に紹介したかったからだ。しかし脱脂牛乳には牛乳の深い風味がないため、彼らのモットーであった「イタリアの元祖の味」を壊す危険性があった。

ハワード・シュルツと経営スタッフは、**「原則を守ろうか、顧客の要求に応じるか」で苦心したという**。結局、スターバックスは顧客の要求を受け入れる方を選択した。その方針は、顧客の良い反応を得て、後には約50％が脱脂牛乳で売れるようになった。

普通、学生時代の試験には一つの正解があるが、現実の世界では明確な正解がない。どの選択にも「利」と「害」があり、**「どちらを選択すれば害より利が大きいか」**の問題である。それを賢明に選択する能力が、優れたリーダーシップなのだ。

超訳

敵国を操る方法

【九変篇⑤】

諸侯※を屈服させるには、こちらと戦うことが、どれほどの損害（害）を生むかを説けばいい。

諸侯を使役させたいのであれば、辛い仕事（業）を作り、苦労させる。

諸侯を協力させたいのなら、一緒に得られる利益（利）を見せて、協力させるのだ。

※諸侯とは、領主のこと。例えば、織田信長・豊臣秀吉・徳川家康などが諸侯である。彼らは王でも、皇帝でもないが君主だ。ここでは、諸侯を「敵国」「隣国」に意訳しても良い。

解説

１・相手を屈服させるために「害」を利用した事例

害を利用して相手を屈服させる方法は、かなり単純な戦略である。

例えば、不動産業者が古い建物を撤去し、新しい建物を建築するとしよう。すると、ビルの居住者たちは他のところへ引っ越す必要がある。悪い業者は暴力団を雇用して居住者たちを脅迫する場合もある。

アメリカの不動産財閥ドナルド・トランプはもっと巧みな方法を使う。彼は暴力団を利用するなどの方法は別に効果的ではないと思った。彼が扱う建物は普通、お金持ちたちが住む建物だった。だから彼は、建物の廊下の派手な照明を全て暗い照明に変えて陰気な雰囲気を作ったり、警備員のかっこいいユニホームを全て見苦しい服に変えたり、警備員が居住者たちの荷物を運んでくれるサービスなどを禁止したりした。些細なことに見えるが、そのようなことが続くと、お金持ちたちはそれを我慢できず、自然に引っ越すようになった。トランプは必要な最小限の害を利用する、利口な方法を使ったのだ。

アニメーション会社ピクサーは、元々『スター・ウォーズ』の監督、ジョージ・ルーカスが設立した会社である。１９８３年、離婚で莫大な慰謝料が必要になったルーカスは、ピクサーを早く売り払いたい状況だった。ピクサーを訪問して、その可能性に着目したスティーブ・ジョブズは、相手が困っている状況を利用して、安値でピクサーを買うことに成功した。

解説

このように、**相手が進退極まって困っている状況に乗ずれば、簡単に相手を屈服させることができる**。つまり、相手を害で屈服させる戦略を使う場合、害を与える主体はあなた以外の誰かの方が良いのである。

2・相手を苦労させるために「業」を利用した事例

米軍は9・11テロの後、20年にわたってアフガニスタンに駐留してきた。米軍は世界で最も強い軍であるが、常にテロ攻撃を恐れながら駐留するしかなかった。その理由は、ISの兵力が先進諸国より強いからではない。彼らがいつテロを起こすか予想でないからである。

テロは、実際に起こさなくても、予告するだけで敵に「業」を作る効果がある。空港でも、市街でも、テロを予防するためには多くの手間がかかる。つまり、**面倒な仕事を多く作っている**のだ。

「辛い仕事（業）を作り、苦労させる」とは、ずばりこのようなことである。

3・相手を協力させるために「利」を利用した事例

あなたが中年の人なら、レコード屋に行って好きな音楽をCDやテープで買った思い出があるだろう。だが、今は音楽がCDなどの実物の形で売られることは少ない。今は、音楽がオンラインストアでダウンロードする方法で販売されているからだ。おそらく音楽ビジネスのように多く変化したビジネスは少ないだろう。

音楽をオンラインストアで販売したのはアップルのiTunesが最初だ。だが、音楽ビジネスをした

解説

こともないアップルがどうして世界の全ての音楽を自分のオンラインストアで販売するようにしたのかは不思議なことである。全ての大手レコード会社のトップたちを、同時に説得して協力させるのは、とても難しいからである。

　音楽を売るオンラインストアに、特定のレコード会社の音楽が全て欠けていたら、まともな音楽ストアになれない。だから全ての大手レコード会社たちを同時に説得して自分のオンラインストアで音源を売るようにしなければならない。もし一つでも協力しない会社が出てきたら、そのレーベルの全てのレコードが抜けている不完全なストアになる。つまり、失敗してしまう。

　スティーブ・ジョブズは**レコード会社たちを協力させるために「利」を利用した。**

「お前ら、ＭＰ３の普及で売り上げが下がっているだろう？　私たちに協力すれば、ＭＰ３を販売してすぐに売り上げは回復するよ。このiPod、見てよ。かっこいいだろう？　これを使う多くの人たちが、私たちのストアからたくさんの音楽をダウンロードするから、多く売ることができるんだよ。私たちに協力して損害はないよ。ＣＤを生産する必要もないし、この契約書にサインするだけで、後は私たちが全部するから」

　このように説得されたら、レコード会社は契約するしかないだろう。そして、サイン一つだけで経営の実績が上がる良い条件を断るＣＥＯはいないだろう。

　iTunes Music Store のビジネスは、相手を協力させるために「利」を利用した巧みな事例である。

勝手に肯定的に考えるな

【九変篇⑥】

超訳

用兵の原則としては、敵がやって来ないことをアテにするのではなく、敵がいつ来ても良いような備えを頼りにするべきだ。

敵が攻撃してこないことを期待するのではなく、攻撃したくともできないような態勢を構築しておくのである。

解説

「Wishful Thinking」という言葉がある。これは直訳すると「希望的な考え」だが、実は「勝手に良い方向に考えること」の意味で使われる言葉である。

例えば、テスト勉強中の学生が参考書を読んでいて難題を発見したとする。自分が理解できないばかりに「まさかこんな難しい問題は出題されるまい」と勝手に考える。これは「Wishful Thinking」をしているのだ。

テストの難易度は問題を出題する人が決定することであり、学生が予想できることではない。学生は難易度の低いテストを勝手に想定するよりは、難しい問題にも備えるべきだったのだ。20世紀最悪の原子力事故を引き起こしたチェルノブイリ原子力発電所にしても、実験を行うために数々の安全装置を解除するという「Wishful Thinking」ぶりが、事故原因の一つであるとされる。

「大丈夫、大丈夫」「心配するなって」「肯定的に考えよう」――。

全て耳には甘い言葉だが、歴史を顧みると、この態度が原因で破滅した人物は数えきれない。

肯定的な態度はよくて、否定的な態度は後ろ向きでよくない、とよく言われる。しかし、否定的な心理は、実は私たち自身を保護するための自然な心理メカニズムである。

生まれつき否定的な思考ができない「先天性疑い欠乏症候群」の人がいたとしたら、その人は一生詐欺師や新興宗教家に悩まされ、悲惨な生涯を送るだろう。ある程度は否定的な態度をとることが、安全な人生を生きるうえで重要なのである。

超訳

将が陥りやすい5つの危機

【九変篇⑦】

戦場には、将軍にとって5つの危険がある。これを、「五危《ごき》」と呼ぶ。

1・決死の覚悟を持ち、勇敢に戦い過ぎると戦死しやすい
2・生き延びることばかり考えていると捕虜にされやすい
3・頭に血が上りやすく、せっかちな気質だと、敵に挑発されやすい
4・清廉潔白で気位が高いと、敵に恥辱されやすい
5・兵を愛しすぎると苦労しやすい

これら5つは将としての過失であり、戦のうえで必ず害になることである。

軍が全滅し将が敗死するのは、全てこの5つの危険のいずれかが原因であるから、気をつけなければならない。

解説

「五危」は将にとっての落とし穴を説いているが、これには現代の我々も耳を傾けるべきだ。

1・勇敢に戦いすぎると戦死しやすい

戦争の歴史で、勇ましい軍が死を恐れず戦った結果、全滅してしまった事例はたびたびある。例えば、スイスの傭兵たちは、ただお金のために戦う他の国の傭兵と違って、信頼と名誉を重視することで知られている。

フランス革命の時、チュイルリー宮殿で王家の防衛をしていたスイス傭兵たちは、逃げる機会もあったが勇敢に戦って全員が民衆に虐殺された。名誉のために戦った彼らの話は、現代の我々にも感動を与えるが、兵法の側面から見れば、勝ち目のない局面では退却するのが正しいのである。死んだ後では何もできないからだ。

2・臆病者は敵の奴隷になりやすい

弱者が強者の奴隷になるのは、強者が出した最初の小さな要求を断れずに、それを呑んでしまうからだ。例えば不良に「おい、パン買ってこいよ」と要求されて、殴られないためにそれに従う者は、結局は彼の使い走りになっていくのだ。

このように妥協を重ねれば、それにつけ込む人間に支配されてしまう。これは学校生活だけではなく、ビジネスの世界でも同じだ。そうならないためには「この場合は許さない」という確実な原則

解説

を持って、必要なときには「必死に戦う意思」を見せなければならないのだ。

3・短気でせっかちな者は、敵に挑発されやすい

ローマの軍人ミヌキウスは、とても短気で好戦的な性格で、正反対の気質を持っていた彼の上司、ファビウスとは馬が合わなかった。ファビウスは、カルタゴから攻めこんできたハンニバル軍と戦う時、正面から戦うのではなく、長期戦に持ち込んで相手を疲れさせる戦略を採ったが、ミヌキウスはその方法を軽蔑して「ファビウスはクンクタトル（のろま）だ」と非難した。こうして多くの人が、ファビウスが臆病者であり、ミヌキウスが本当の勇者だと思い始めた。ローマの元老院は指揮権を2つに分けて、半分はファビウスに、半分をミヌキウスに与えることにした。

これを察知したハンニバルは、囮部隊を編成してミヌキウスを誘き寄せた。血気にはやるミヌキウスは、囮と知らず進撃したが伏兵に襲撃されて大敗してしまったのであった。「せっかちな者は挑発されやすい」ことを如実に表す故事である。

4・気位が高すぎるのは、それが負けの原因になる

本文では「清廉潔白だと、敵に恥辱されやすい」と書いているが、恥辱するのは気位が高いことを利用して勝つための心理戦だろう。このようにして負けた将はあまり見たことがないが、自分の上品さが敗因になることはある。

湾岸戦争において、ある米軍の部隊が一人のスナイパーに狙われた。彼はどこかのビルの上に陣

解説

取っており、米軍兵士は次々にその犠牲になった。米軍の指揮官は、イスラム教徒が祈る時間を知らせる鐘が鳴る時だけ、スナイパーが射撃を中止することに気付いた。スナイパーは、自分が殺した敵のために祈っているのだった。そして、米軍が負傷した味方を運んでいる時は、絶対に手を出さなかった。彼はとても信心深く、高潔で誇り高い兵士であるに違いなかった。米軍の指揮官は、そんな立派な兵を殺すのは気が進まなかったが、敵の慈悲を利用して負傷者と共に退却した後、戦車で周りのビルをすべて破壊して戦いに終止符を打った。このように、高潔な人は、自分の品格を「虚」とされてしまう。

5・部下を愛し過ぎるリーダーは失敗する

日露戦争において、日本は朝鮮半島の旅順港に、ロシア海軍を封じ込める「旅順港閉塞作戦」を実行した。閉塞作戦は、貨物船などで敵砲の射程範囲深くに潜り込み、船を自沈させて港を塞ぐという非常にリスクの高い作戦であり、現にすでに一度失敗していた。

この閉塞作戦の指揮をとったのが、兵からの人望厚い広瀬武夫少佐であった。作戦において彼は、閉塞船から撤退する際、部下の杉野孫七がボートにいないことを発見するや、船に戻って三度に亘り捜索を行った。結局、杉野は見つからず、広瀬も撤退中に敵弾の直撃を受けて戦死してしまう。彼は勇気を讃えられて2階級特進を果たしたが、その死は「部下を愛しすぎた」ためにもたらされた。

Ultra Translated Sunzi!

9章 行軍篇

常に有利な態勢を維持せよ

行軍篇では、行軍する時の原則について説いている。

常に視野を確保し、守備に有利な位置を維持しながら動き、危険な所を避けるなど、このような原則は現代のビジネスでも有効だろう。

ビジネスを運営する全ての行為は兵法の行軍に相当するため、現代の私たちにもこの篇の内容は傾聴に値する。特に行軍篇には、小さなヒントから敵の本音を見通す方法や、「文」と「武」を共に使う、効果的なリーダーシップの形態など、興味深い内容が多く含まれている。

では続いて行軍篇を読んでみよう。

超訳

地形に適した軍の置き方

【行軍篇①】

1・山越えをする時は、谷に沿って行くこと。こまめに高い所を見つけ、視野を確保するべきだ。高い所にいる敵に対して、登りながら挑んではいけない。これが山で軍を運用する方法である。

2・川を渡ったならば、必ず川から遠ざかって駐屯すること。川を挟んで対峙していた敵が渡って攻めてきた時は、こちらも川の中に入って戦うのではなく、敵の半分を渡らせてから討つのが有利である。川の周りに駐屯する時にも、視野が確保できる高い所に駐屯しなければならない。そして、川の下流で上流からくる敵と戦ってもいけない。

3・沼沢地を行軍する時には、ぐずぐずせず、できるだけ速く通り過ぎなければならない。やむを得ず沼沢地で戦うことになったら、必ず森林を背後にして、陣立てをせよ。

4・平地では足場の良い平らな場所に布陣し、高地を背後にして、低い地形を前にせよ。

以上の4つが功を奏し黄帝（漢民族の先祖）は4人の帝王に打ち勝ったのである。

解説

行軍の原則は、次の3つにまとめることができ、ビジネスにも応用できる。

第一は、いつも視野を確保することである。 2005年2月に設立された動画サイト YouTube は2006年10月 Google に16億5千万ドルで買収された。たった1年8ヵ月で1300億円を超えるお金を手にしたのである。この成功は、デジタルカメラとブロードバンド網の普及に合わせた絶妙な時期に登場したからで、市場の状況に常に眼を光らせていたから得られたものである。「常に視野を確保せよ」という行軍の原則は、ビジネスでも有効であるのだ。

第二は、いつも守備に有利な位置を維持することである。 ハリウッドの大手映画会社は、莫大な資金をかけた超大作映画を作る際、自分が100％投資するのではなく、競争会社と持ち分を分けて投資する。これを「split-rights」という。競争会社と一緒に投資するのは奇妙に見えるかもしれないが、大金を投資した映画が潰れればダメージが大きすぎるから、一緒に投資して危険を分散するのである。これは「いつも安全な位置を維持しながら行軍する」原則と一致する。

第三は、不利な戦いは避けることである。 自分が不利な所にいるくせに、有利な所にいる敵に向かっていくのはダメージが大きいし、時間と体力の浪費にすぎない。「負けそうな戦いを避ける」のは計篇から繰り返された原則だから、これ以上説明する必要はないだろう。

以上の3つの原則は、ビジネス戦略としても重要だから、心に留め置くべきだ。

超訳

兵の健康に注意

【行軍篇②】

軍を駐屯させるには、高い所がよく、低い所は望ましくない。

日当たりのいい場所を選び、悪い場所は避け、兵の健康に留意して飲み水、草※の豊富な場所を占める。

軍の中に病気がないときこそ、必勝の軍になれるのだ。

※草の豊富な場所を占める理由は、馬の飼料に使うためである。

解説

人は、風邪を引いた程度でも意欲が著しく低下して、仕事などしたくなくなる。短期的な結果のために人の健康を犠牲にするのは、最低の経営なのである。

現代の私たちは黒人奴隷を売買し、使役したのはヨーロッパ人とアメリカ人がほとんどであるという印象が強い。だが、実は黒人奴隷を世界で最も多く売買し、所有したのはアラブ人である。

アラブ人の奴隷売買は7世紀に始まり、19世紀に終わったが、欧米人の奴隷売買はアラブ人よりはるかに遅く始まった。にも関わらず**「ヨーロッパ人＝奴隷使い」のイメージが強いのは、彼らが奴隷の健康に最低限の注意を払って使役したからである。**欧米人にとってみれば、自分がお金を払って買った大切な所有物が、すぐに死んでは困るのである。

しかし、アラブ国家の奴隷たちは酷使され、徹底的に搾取されたから、子孫も残せず早く死んでしまった。だからアラブ国家には奴隷の歴史を語り継げる子孫が、ほとんど存在していないのである。

もちろん欧米人は、自らの利益のために商品管理に精を出しただけの話であって、彼らがアラブ人より偉いと言いたいのではない。だが会社の経営者たちの中には職員の健康に気を遣わず、過労死させるほど働かせる者がいる。**彼らは奴隷使いよりも低級な人間ということだ。**部下の健康は仕事の結果と質に密接に関係するから、注意しなければならないのだ。

超訳

注意すべき地形

【行軍篇③】

丘陵や堤防に駐屯する時には、必ず日当たりの良い東南にいること。そして、丘陵や堤防が背後と右手になるようにする（左手に持った盾を敵に向けて、防御するため）。これが地形の力を借りた戦である。

川を渡る時に上流の方が雨で泡立っているときは、安定するまで待つこと。※

戦いに不利な地形には次のようなものがある。

絶澗《ざっかん》……絶壁の間で水が流れている谷

天井《てんせい》……自然に形成された井戸のような地形（周りは高地で、真ん中に水が溜まっている）

天牢《てんろう》……自然に形成された監獄のような地形（山などで囲まれて抜け出しにくい）

天羅《てんら》……自然に形成された網のような地形（草木などで囲まれて抜け出しにくい）

天陥《てんかん》……自然に形成された罠のような地形（低地の湿地で、陥ると動きにくい）

天隙《てんげき》……自然に形成された割れ目のような地形（深い谷に形成された、狭くて長い道）

超訳

このような地形はなるべく避け、近寄らないことだ。

反対に、敵がこういった地形に入るよう、誘うべきだ。

味方は敵がこのような地形を背にするように戦を進めること。

行軍する所に、険しい地形、池、葦の原、森、草むらなどがあるときは、必ず周りを徹底して捜索しなければならない。伏兵など、敵の策が仕掛けられている可能性が高いからだ。

※「上流が泡立っているとき」は川の流れが激しくなる前触れである。

解説

このくだりでは、駐屯すると困る地形について説明している。絶澗、天井、天牢、天羅、天陥、天隙の６つが紹介されているが、共通点は山や絶壁などの高い地形に囲まれている、低い場所だということだ。その低い場所が動きにくい湿地や川だったら、完全に罠である。

本文は長いが、言っているのは次の３つだけである。

１・険しい地形はそれ自体が罠であるので、避けなければならない
２・険しい地形には伏兵がいる可能性が高いから、注意しなければならない
３・このような地形に、自分がいてはダメだが、敵はそんな所に誘導するべきだ

ビジネスの世界で「険しい地形」に相当するのは、法律や権利関係が複雑に入り組んでいる分野だということができる。現代社会に置き換えて書き直すと次のようになる。

１・法律や権利関係が複雑な分野はそれ自体が罠になり得るので注意しなければならない
２・そんな複雑さは大抵強者の利益のために作られているのだから注意しなければならない
３・できることなら、そういった複雑さを利用して利益をあげるべきだ

解説

例えば、ハリウッドで映画を作る時に書かされる契約書は複雑過ぎて、それだけで一冊の本にできるほどである。もちろんほとんどの内容は強者の権利を保障するために書かれているのである。これは保険約款の複雑な理由が、消費者の権利を守るのではなく、保険会社に有利になるように書かれているためだということと同じである。複雑さは、いつも強者の既得権の補償のために使われる合法的な手段、つまり「罠のように険しい地形」である。弱者たちがそこに入り込んでも勝ち目がほとんどないから、注意しなければならない。

複雑さを利用して利得を得る事例もある。『シャーロック・ホームズ』シリーズでおなじみの作家、コナン・ドイルは1930年に死亡した。英国では原作者の死亡後、50年経つと著作権が消滅する（1995年以前の法が適用される）。米国ではというと、1909年の法が適用され原作者の生死とは関係なく、出版日から95年が経つと著作権が消滅する。1887年出版された「緋色の研究」は、1983年以後には著作権が消滅するから、パブリックドメインとなっている。

こんな複雑怪奇な状況に便乗しない者がいないわけがない。コナン・ドイルの遺族の中にブロメットという人がいる。彼女は1983年以後にホームズを使うドラマや映画を制作する会社を無条件訴訟した。映画会社たちは戦いたくなかったから、権利関係を精査せず彼女にお金をあげて和解してしまった。権利関係が複雑な所にはそれを利用しようとする「伏兵」が現れるのである。これは法律の世界に作られている「罠のように、険しい地形」であると言うことができる。

超訳

敵の動きを見通す方法

【行軍篇④】


こちらが近づいても敵が落ち着いているのは、地形の険しさが自分たちに有利だと思っているのだ。遠くの敵がたびたび挑発してくるのは、こちらの進撃を望んでいるのである。敵が平坦な地形に陣を敷いているのは、こちらの攻撃を誘導しようとしているのだ。風もないのに多くの樹木がざわめくのは、敵の気配を表している。

草がたくさん覆い被せてあるのは、伏兵の存在をこちらに疑わせたいのである。

鳥の群れが突如飛び立てば、そこには伏兵がいるのである。

動物たちが驚き走るのは、敵襲の気配である。

ほこりが高く立ち上っているのは、戦車の進撃を示しており、低く立ち上っているのは歩兵の進撃を示している。

随所から立ち上っているのは、薪を取っているのである。わずかなほこりが、あちこち動いているのは、敵が陣営を作って駐屯しようとしているのである。

解説

アクション映画を観ていると、密かに敵の基地に潜入した主人公がうっかり物音をたてて、敵がそちらに注意を向ける場面がよく見られる。敵は鋭い視線を投げかけるものの「気のせいか……」と呟いて去っていく。主人公は安堵の溜息をついて自分の目的を達成する――我々は、この敵のようであってはいけない。**小さなヒントから敵の動きを見通す観察眼は、勝利する人が持つべき資質なのである。**

平安時代、後三年《ごさんねん》の役（１０８３）の逸話では、源義家が『孫子』の、まさにこのくだりを思い出して、敵の伏兵を見つける場面がある。義家が行軍している時、空を見上げると、通常なら連なって飛んでいる雁が乱れて飛んでいた。それを見た義家は『孫子』を思い出し、伏兵の存在を察知し、これを殲滅したという話である。

中国の三国時代、諸葛亮孔明のライバル・魏の司馬懿《しばい》は、知名度こそ孔明に劣るが、最後の最後で勝利したのは彼の方である。彼は、蜀の兵士から「孔明は食事は少量で、朝は早起きして、夜は夜中までかかって全ての仕事を自ら処理する」ということを聞いて、孔明の健康状態が悪いことを直感する。そして、司馬懿は長期戦を仕掛け、結果的に彼の息子が蜀漢を滅亡させた。

このように、小さなヒントから全体を把握する能力が、戦略家には不可欠なのである。相手が見せる小さなヒントは貴重な情報であることが多いから、無視してはいけない。

超訳

敵の事情を見通す方法

【行軍篇⑤】

敵の使いの言葉遣いが、へりくだっていて、陣では守備を増強しているように見えるのは、実は進撃の準備をしているのである。逆に態度が強硬で一見攻撃の前触れのように見えるのは、実は退却の前触れである。

軽車（小型戦車）を前に出し、側面に備えているのは、陣形を整えているのである。

敵が、戦況が行き詰まったわけでもないのに、いきなり講和を提案してくるのは、何か企みがあるのである。兵たちが忙しく走り回り、戦車が陣形を整えているのは、決戦の準備をしているのである。敵の半分が進撃し、半分が後退するような妙な動きは、こちらを誘い出そうとしているのである。敵兵が杖をついて立っていれば、それは食糧が切れて飢えているのである。

水汲みが真っ先に水を飲んでいるのは、水が切れているのである。数が有利な立場なのに動きを見せないのは、疲れているのである。多くの鳥が留まっているのは、敵がいないのである。

超訳

夜、敵陣から叫び声があがるのは、兵たちが怯えている証拠である。敵陣が騒がしいのは将に威厳がないからである。敵の動きが乱れたならば、それは混乱しているのである。敵将が焦ったり、怒ったりしているのは、軍全体がくたびれているのだ。

敵兵が馬を食べているのは、食糧が切れているのである。台所に炊事道具なく、敵兵が幕舎に帰ろうとしないのは、窮地に陥ったあまり最後の決戦の準備をしているのだ。

指揮官が兵士たちに物静かに語りかけているのは、人心が離れている証拠である。しきりに恩賞を与えるのは、士気の低下に困っている証拠である。逆にしきりに罰を当てるのは兵の統制が取れていないのである。始めは兵を乱暴に扱っておきながら、離反を恐れるような敵将は統率力がないのである。

わざわざこちらの陣を訪れて贈り物を捧げ、謝ってくるのはしばらく休息をとりたいのである。猛り立った敵が、こちらと対峙して合戦も退却もせずじっとしている時は、必ず慎重に観察せよ。

解説

この部分では、敵兵の行動一つから、敵全体の事情を把握する方法が示されている。

例えば、敵兵が軍馬を食べているのは食糧が切れている証拠であり、水汲みが真っ先に水を飲もうとするのは、敵陣に水が不足している証拠だという。このように敵の行動の断片を見て、全体の状況を類推する能力は、とても重要である。

ビジネスでもこのようなことは可能だろうか？

もちろん可能である。

小さな断片から、ライバル会社、またはあなたの会社の実態を把握することができる。

・しきりに求人するのは、社員の出入りが多い証拠である
・しきりに組織を改編するのは、経営者の干渉が無駄に多い証拠である
・やたらに会議が多く、時間も長いのは経営者のリーダーシップに問題がある証拠である
・昼間、社員たちが頻繁に社屋を出て休息しているのは、業務管理が甘い証拠である
・製品発売が度々延期されるのは、プロジェクトの進行に何らかの問題がある証拠である
・特別な売上がない会社のオフィスが、地価の高いところに位置しているのは、実績をあげるよりは投資を受ける工夫をしている証拠である
・事務室に持ち主のいない空席がたくさん見られるのは、不安定な会社である証拠である

解説

・中小企業の社長室がとても大きく、派手なのは経営者の資質に問題がある証拠である
・取引の手続きに不法な手段があるのは、相手が詐欺師だという証拠である
・上司が指示したことができていないのは、組織のコミュニケーションの方式に問題がある証拠である
・上司が指示したこと以上の仕事が成されているのは、部下が優秀な証拠である

このように、些細なことからも、その企業が抱える問題が見えてくる場合がある。

あなたが同業他社や、これから就職しようとしている会社の情報を把握するのにはもちろん、あなたが管理する組織に問題がないかを測るときにも役立つだろう。

【行軍篇⑥】

文と武のリーダーシップ

超訳

戦は兵が多ければ良いというものではない。ただ猪突猛進するのではなく、味方の兵力を集中して、敵の事情を正確に把握できれば、勝利を収めることができる。思慮が足りず、敵を侮っている将は、必ず敗れて捕らえられる。また、兵が将に親しんでいないうちに懲罰を行うと、彼らは心服しないので働きにくい。

逆に、兵が将に親しんでから罰を与えないのは、彼らの増長を招き、動かせなくなる。だから将は文（説得し、礼儀を尽くし、恩徳を与える）で兵を心服させ、武（号令・刑罰）で統制すれば、それは必勝の軍になるのだ。

また、軍規が平時もよく守られている環境で兵に命令すると、彼らは服従するが、逆であれば服従しない。軍規が平時から守られているのは、将が兵たちの信頼を得て、心がぴったり一つになっているのである。

※原文に「衆」となって「民衆」と誤訳する場合があるが、「衆」は「人々」、つまり「兵士たち」が正しい。このくだりは軍のリーダーシップの話で、これが文脈にも合う。

解説

会社で部下を統率するスタイルについて考えてみよう。

「武」だけで部下を押さえつける上司は常に厳しく、遅刻すると罰を与えたり、結果が気に入らないと書類を投げながら怒鳴ったりするだろう。職員たちを常に監視して恐怖政治を敷く。このようなやり方は、一時的には効果を発揮するかもしれないが、長期的には良いわけがない。職員たちは統制されて働くことに慣れてしまい、意欲が低下して自主性の欠片もない社員になってしまう。

「文」だけを使う上司は、いつも部下を厚遇し、遅刻しても罰を与えないし、結果が気に入らなくとも怒らないし、仕事を部下に任せて自由に処理させる。こうなると、結果が悪くても上司が怒らないことに気をよくして、適当に働いてしまう社員がでてくる。彼の影響が、少しずつ他の社員にも波及し、ひとり、またひとりといい加減な社員が増えていく。出勤時間も、ひとりが遅れだすと、続々と続くものが現れるだろう。

したがって、**「武」と「文」を同時に使う方法が最も良いのである。**社員が仕事にやり甲斐を感じるように、教育や福祉、インセンティブなどに投資する一方、結果が気に入らない時ははっきり批判して、上司の指導の通りにやり直すことを命令するのだ。遅刻した時は、はっきりと指摘し、勤務時間中は、一生懸命働かせる。過労気味の部下には、休暇を充分に与える。

良い塩梅で「武」と「文」を使い分けられる者だけが、良いリーダーになれるのである。

Ultra Translated Sunzi!

10章 地形篇

戦場を知れ

女性とデートをしているとき、道を知らず迷ってしまい、不興を買ったことがあるかもしれない。

このように、いくら敵を知り、己を知っても、最後の詰めの地形、つまり戦場の形態を知らなければ戦いに勝つことができないのだ。

要するに、地形篇のポイントは「私を知り、敵を知り、戦場を知ること」である。

歴史上の高名な将たちは皆、戦う前に戦場の地形を調査することを重視した。戦場の特徴に合う作戦は何か、どの戦場が危険で、どの戦場が有利なのかなどを、地形篇は説明している。

超訳

戦場の6の類型

【地形篇①】

孫子曰く。
戦場には通形《つうけい》、挂形《けいけい》、支形《しけい》、隘形《あいけい》、険形《けんけい》、遠形《えんけい》の6つがある。

1・通形……四方が開けていて、こちらも敵も往来が自由な場所。ここでは日当りが良い高地を占拠し、兵糧補給の道が切れないように戦う。

2・挂形……途中に障害物があり、進出はできるが退却は難しい地形。敵の備えが充分でなければ勝てるが、敵がよく備えていると勝利が困難なうえ、退くことすらままならない。

3・支形……こちらが出ていっても、敵が出てきても、双方に不利なのが枝道に別れたこの地形である。こういう所では、敵がこちらに利益をちらつかせたとしても、こちらから進出してはいけない。むしろ一旦軍を引き、敵が半分ほど出てきてから交戦するのが有利である。

超訳

4・隘形……道が極端に狭くなっている地形である。こちらがここを先に占めた場合は、兵士を集めて敵を待ち伏せするのが吉だ。敵が先着している場合、まだ密集が済んでいないようならこれを叩き、済んでいるなら手出しをしてはいけない。

5・険形……高く、険しい地形。必ずこちらが日当りの良い高地を占め、敵を待ち受けるべきだ。すでに敵が占拠していた場合、躊躇なく兵を引くのが良い。

6・遠形……これは地形ではなく、お互いの陣が遠く離れていることを指す。兵力が等しい時には、先に戦いを仕掛けた方が不利となる。

以上の6つが地形に関する傾向と対策であり、これを把握するのは将の重大な責務だから、充分に考えなければならない。

解説

以上の6の戦場の話は、次のようにまとめることができる。

1・先手の優位性

どんな戦場でも、先に到着して敵に備える方が、遅れて到着するより有利である。

2・やめにくい仕事は避ける

戦場が険しい地形である場合、形勢が不利になった時に素早く逃げることができないから、やめにくい戦いに巻き込まれる可能性がある。あらかじめ敵の戦力をよく把握しておくべきだ。以上の2つの原則は現代の我々にも有効である。

1・先手の優位性

西洋で最も有名な和食のシェフとして、松久信幸がいる。

「おかしい。彼ほど巧みなシェフは日本に行けば山ほどいる。なぜ彼だけが有名なのか？」と言う人もいる。松久信幸が有名になったのは、彼がアメリカの大衆に和食を知らせた、ほとんど最初のシェフだからである。早く始める人が大きい成功を得るのは、当然なことだろう。マクドナルドがバーガーキングより有名な理由も、スターバックスが他のどのコーヒーチェーン店よりも有名な理由も、全てが先手の優位である。

どんな分野にしろ、先に進出する方が、後発より有利であるのだ。

解説

2・やめにくい仕事は避ける

一度始めるとやめるのが困難な仕事がある。そんな仕事はあらかじめ徹底して勝算を計算してみなければならない。ある大学教授は、ネットワーク技術について研究している時、それを応用してオンラインゲームを作ったら成功すると考えた。彼は教授職を辞め、投資を募って自分が指導してきた学生たちとベンチャー企業を立ち上げた。国立大の安定した教授職をやめるのは冒険だったが、成功すれば億万長者への道が開ける、そんな算段であった。

数年後、会社の収入は一向に増えず、負債ばかりが増えていった。いつ倒産してもおかしくなかったが、借金を繰り返すことで延命していたのだ。教授はＣＥＯを辞任することも考えてみたが、借金もあるし、投資家たちへの責任もあるし、なにより博士課程に在籍していた学生たちを中退させて始めた仕事だったから、引っ込みがつかなくなっていた。

「起業なんてしなければ、こんなことにならなかったのに……」

彼はすごく後悔したが、仕方がなかった。彼と、そのスタッフたちは技術力はあったが、オンラインゲームの企画や運営の経験がないのが問題だった。起業の前に、冷静にこの弱点を考慮していれば、もっと慎重になれたはずだった。

このように、一度始めたらやめられない仕事がある。こうした仕事に挑戦する際には、『孫子』の教えを思い出して、冷静に勝算を計算しなければならないのだ。

超訳

負ける軍の6のパターン

【地形篇②】

負ける軍隊には、「走《そう》」「弛《し》」「陥《かん》」「崩《ほう》」「亂《らん》」「北《ほく》」の6つがある。この6つは天災ではなく、将軍の間違いから生じる人災である。

1・走（逃げる軍）……敵と等しい戦力を持っているが、それを分散させて密集している敵に当たらせる場合。これでは兵は逃げ出してしまう。

2・弛（弛む軍）……精強な兵を持ちながら将が無能な場合。軍の弛みが生じる。

3・陥（欠陥のある軍）……将が優秀であるが兵が軟弱な場合。「弛」の逆パターン。

4・崩（崩れた軍）……現場指揮官※が激しやすく将の命令を待たずに敵と勝手に戦ってしまう。将も、指揮官の能力を把握していないため、彼らを統率することができない。

5・亂（乱れた軍）……将が軟弱で厳しさがなく、兵たちに教育が行き届いていない場合。現場指揮官たちと兵たちの間にも決まりがなく、陣立てもでたらめ。

6・北（敗北する軍）……将に敵情を把握する能力がない軍。小勢で大勢に、軟弱な兵で精

超訳

強な兵に、凡庸な兵で精鋭が揃う敵の先鋒に当たらせることになるから、敗走が眼に見えている。

こういった敗北の類型にはまらないように、将は考察を重ねなければならない。

※つまり、これは「現場指揮官は将を徹底して無視していて、将も現場指揮官をよく知らない、崩れている軍」である。

解説

それぞれの項目を現代のビジネスに当てはめて見てみよう。

1・走（逃げる軍）

筆者の友人、S君が、ソフトウェア会社に入った時の話である。その会社は職員30人くらいで、クライアントからアウトソーシングを受けて、依頼されたソフトやホームページを作る会社だった。

上司「大手から仕事の依頼が来た。このような機能を作れ」

S君「これは……必要な機能が多いですね？　いつまでに作れば良いですか？」

上司「2週間で頼む。あなたとH課長でやればできるだろう」

S君「これは4人で働いても3ヵ月はかかる仕事ですよ！」

上司「いや、できるはずだ。とにかく頑張ってくれ」

S君は地獄のような2週間を過ごした。休むことも寝ることもなく、H課長と2人で超人的な努力で依頼されたものを作った。が、納入してすぐクライアントに激怒された。

「私たちはこんな完成度の低いものを頼んだ覚えはない！」

その後、S君は他の会社に転職した。H課長と一緒に。能力をはるかに超える仕事を押し付ければ、兵も社員も逃げ出していくのである。これが「走」である。

解説

2・弛（弛む軍）

これは筆者が知る、ある投資会社の話である。20代半ばにして数学博士になり、投資会社に入社したM氏は、入社してからしばらく何の仕事も任されなかったが、ついにある日上司に呼ばれた。

上司「あなた、数学博士でしょう？」

M氏「はい！」

上司「ちょうど良い。今日から私を補助して、色々な計算を担当してください」

その仕事は、上司が作る報告書のために単純な計算をする作業で、数値を加えて予想受益を計算したり、グラフを作るために数値から割合を計算するといった内容だった。中学生でもできるような仕事をやらされて、M氏はストレスがたまっていった。

「なぜ私がこんなバカな仕事を？　私の人生は、どうなっていくんだ……」

その上司は、例えば「5千万円のうちの1千万円は、20％にあたる」といった計算をするために、数学博士を使っていたのだ。このように、優秀な人材が、愚かな上司の下にいる情けない組織を「弛」と呼ぶ。

3・陥（欠陥のある軍）

高校時代、筆者の学校は3年の過程を2年に短縮して卒業する、一種の「飛び級コース」であった。問題はそのコースが数学、科学、国語、英語の4つの科目だけで大学に行けるシステムだったので、

解説

他の科目はどうでも良かったことだ。

その時の歴史の先生はとても優秀な教師で、面白く、分かりやすく歴史を教えてくれたが、筆者を含めて多くの学生は睡眠不足を解消するためにその授業時間を活用した。このように将が優れていても兵が無能である組織が「陥」である。

4・崩（崩れた軍）

天下り人事でよく発生するパターンである。

筆者が勤務していた会社のあるチームで、社長の妹が新しい上司として入ってきた。しかし、彼女はまったく実務を理解していなかったので、彼女を無視してスケジュールを作って、勝手に仕事を進行した。筆者の経験上、このような組織には非公式なリーダーが名乗りをあげるのが普通で、その人物が優れていれば「崩れる」というほど深刻なことにならない場合もある。

5・亂（乱れた軍）

上司が気が弱い印象を持たれれば、部下に甘く見られやすい。

上司「Yさん、今忙しくないようだったら、この仕事を金曜日までにお願いできますか」

Y氏「これはちょっと難しいですね。今している仕事も金曜日までかかりますから」

上司「（何だ、熱心に働いているわけでもないくせに……）わ、分かりました。私がします」

上司がこのように部下を制圧することができない場合、部下たちはしまりがなく傍若無人でわが

解説

ままになる。これは６つのパターンの中で一番深刻である。組織を維持するのも難しくなる場合すらあるからだ。

６・北（敗北する軍）

実は、これは別に分類されているが、「１・走（逃げる軍）」とほぼ同じ類型である。

「敵と等しい戦力を持っているが、それを分散させて密集している敵に当たらせる場合。これでは兵は逃げ出してしまう」（１・走）

「将に敵情を把握する能力がない軍。小勢で大勢に、軟弱な兵で精強な兵に、凡庸な兵で精鋭が揃う敵の先鋒に当たらせることになるから、敗走が眼に見えている」（６・北）

「小勢で大勢に」当たらせるのは、軍を「分散させて密集している敵に当たらせる」ことと同義だからだ。

以上の６つ（実は５つ）の類型は、失敗する組織の共通の特徴だから、注意しなければならない。

超訳

将の矜持

【地形篇③】

地形を把握することは、用兵を補助することに繋がる。敵の事情を把握することで勝機をつかんで、戦場の起伏や距離に応じて作戦をたてるのが将の仕事である。こういうことをわきまえて戦いを進める者は必ず勝利するが、わきまえない者は必ず敗れる。それゆえ、充分に勝ち目のある時に主君が撤退を命じた場合は、背いて戦うのが正しく、逆に見通しが悪い戦を命じられた時は、戦わないのが正しいのだ。

功名を求めずに進むべきときに進み、罪人になることも厭わずに退くべきときに退く。このように、兵の保護と主君の利益のために働くことができる将は国家の宝である。将が兵たちを治めていくうえで、兵を我が子のように労れば、彼らは深い谷底（危険な場所の比喩）にも共に進撃するようになるし、我が子のように可愛がれば彼らは生死を共にすることも厭わなくなる。ただ、寛大に接するだけでは仕事にならないし、ワガママな子どものようなもので、役には立たない。

解説

このくだりでは、上司と部下の関係について注意すべきことを説いている。**孫子は上との関係で重要なのは、上司にNOと言える態度**だと言っている。

例えば、日本のあるロックバンドに米国人のドラマーが入ったとしよう。元々彼の仕事はドラムの演奏だけだが、リーダーが書いた歌詞の英語がめちゃくちゃであることを発見する。その時、それを指摘すると、越権行為ということでリーダーと仲が悪くなる危険がある。黙っていても給料は出るし、人間関係も円滑なままだ。どうすれば良いだろうか。

このような場合、最善の方法は、正直にそれを口に出すことだ。そのリーダーの気質によっては怒るかもしれないが、結果的にそのバンドは完璧な英語歌詞を作ることができる。ある程度の越権行為は組織のためにも必要でお互いの仕事を完璧にする肯定的な面もあるのだ。

一方、孫子は将が兵たちを自分の子のように愛することを勧めている。こうしながらも兵たちを死地に追い込んで戦わせることを勧めている。ただ愛するばかりでは、部下がわがままになる。厳格さが欠けている愛は戦場では無用だ。しかし罰だけでは部下の心を動かすことができない。

つまり、上司は部下を厳格さと愛という2つの方法で使いこなし、戦争の勝利という目的を達成すべきである。

超訳

敵を知り、己を知り、天を知り、地を知る

【地形篇④】

こちらに充分な攻撃力があることを知っていても、敵方に充実した備えがあることを把握していなければ、勝つ確率は50％となる。敵の攻撃力を把握していても、こちらの備えが充分なのか把握していなければ、勝つ確率は50％となる。

さらに言えば、味方と敵の能力を正確に把握していても、地形の有利・不利を知らなければ、勝つ確率は50％となる。

兵法を知る者が軍を動かす時には、右のすべてが頭に入ったうえで行動を起こすから、迷いがなく合戦も苦にならない。

敵を知り、己を知り、さらに天地を知れば、危険に陥ることなく勝つことができる。

解説

中国三国時代の夷陵《いりょう》の戦いは、呉の孫権《そんけん》が蜀の劉備《りゅうび》を打ち破った戦いとして有名だ。

呉の将・陸遜《りくそん》は、蜀軍をテストするために、小規模の兵力で敵を攻撃してみた。呉軍はその戦闘で負けて被害を受けたが、その結果陸遜は分散している蜀軍がどのように連絡を取り合っているのかを知ることができた。ある夏の日、蜀軍は猛暑を避けるために森の中に陣を移したが、それを知った陸遜は火攻を仕掛けた。蜀軍は混乱し、連絡も寸断され、次々と破られてしまった。**呉は敵を理解したうえで、天と地を利用して蜀に勝利したのである。**

現代のビジネスで「天」に相当するのは社会のマクロ経済の状況、つまり景気、金利、油価、地価、為替レートなどである。例えば、輸出中心の会社は為替レートにより売り上げが左右される。運送など交通手段が必要な会社は油価により受益が左右される。賃貸が必要なビジネスは不動産の景気に影響を受ける。借り入れが必要なビジネスは金利に影響を受ける。これがビジネスの「天」なのだ。

ビジネスで「地」に相当するのは、その分野の市場の状況である。マーケットの特徴、大衆の趣向、流行、メジャーな企業などである。「業界地図」とも言うが、業界の地形がどうなっているのかを知るのは大切なのだ。例えば、食品加工会社を始めるにあたって、どんな流通形態があるのか、どんな販売店があるのか、食品別の客層の特徴はどうなっているのかを知らなければならないだろう。

要するに、どんな仕事をするにしろ、「地」と「天」を正確に把握すべきなのである。

11章 九地篇

場所による心理の変化

Ultra Translated Sunzi

九地篇では戦場の類型を9つに分類している。この前の地形篇にも戦場の類型を分類したが、それは文字通り地形の「形」の類型だった。だが、九地篇では心理的な基準で分類している。

九地篇に出てくる9つのタイプの地形は、表面的には地形の分類に見えるが、よく見ると「戦いの状況」の分類だということが分かる。

人の心理は場所により変化する。逃げ道のある場所では逃げたくなり、逃げ道のない場所では「いちかばちか」になる。

九地篇では、このような原理を説明しているのだ。

超訳

戦場の9つの類型

【九地篇①】

用兵の方法では、散地《さんち》、軽地《けいち》、争地《そうち》、交地《こうち》、衢地《くち》、重地《じゅうち》、圮地《ひち》、囲地《いち》、死地《しち》の9つがある。

1・散地……自国の中のこと。ここで戦うと、兵たちは家族を心配して戦闘に集中できず、逃げ散ってしまうから「散地」という

2・軽地……敵の領土を攻撃しているが、深くは侵入していない場合。自国と近いから、兵たちが帰ることばかり考える

3・争地……奪った側に利益をもたらす戦場

4・交地……味方、敵双方にとって往来が便利な土地

5・衢地……※多くの諸侯の利害関係が集中していて、奪った側の勢力を大きく伸長させる場所

6・重地……すでに敵の領地深く侵入し、占領済みの敵の城や街を背にしている場所

7・圮地……山林や沼沢地といった険しい戦場

超訳

8・囲地……入口は狭く出口も狭い戦場。ここでは敵が小勢でもこちらを攻撃できる
9・死地……軍の奮戦次第で生死が決まる戦場

散地では戦ってはならず、軽地ではぐずぐず止まらず、先に占領された争地では攻撃せず、交地ならば隊列を切り離してはならず、衢地ならば諸侯たちとの外交関係を結び、圮地ならば通り過ぎ、囲地で包囲されたら、いち早くその場を抜け出す。死地では戦うのみだ。

※これは原文の「諸侯たちの領地3つと接していて、先に取る方が天下の民衆を得る地域」の意訳。詳しくは184ページの解説を参照。

解説

1・散地（自国で戦う場合）

守備のために自国の領土で戦うことほど、士気が下がる状況はない。戦いの中で破壊されていく物は、すべて自国の物だから、勝っても失う物こそあれ、得る物は何もない。

家族が近くにいるのも、士気の助けにはならない。心配になって気が散るからだ。兵の気が散るから「散地」なのである。

どうしても戦わなければならない時は、早く敵を追い出すことを目標にすべきだ。

2・軽地（敵の領土に少しだけ侵入した場合）

兵が最も恐怖を感じるのは、戦闘の最中ではなく、直前だという。戦いが始まる前には死ぬほど恐ろしいが、いざ戦闘が始まれば恐怖が麻痺し、戦えるようになる。敵地に進撃する時も、到着した時ではなく、出発したばかりの国境付近が、最も精神が乱れる。

「今なら、まだ戻れる。帰りたい。逃げて帰ろうか？」

といった思いが去来するのだ。こんなところで戦っても、満足な結果は得られない。ここはできるだけ早く通りすぎて、深く侵入した方が良いのである。

3・争地（奪った方に利益をもたらす戦場）

碁においては、初めから碁盤の四隅を占めるための戦いが熾烈である。碁盤の四隅のように、先に占めれば守りやすく、戦いに有利な要地を「争地」と呼ぶのだ。

解説

スイスは良い例である。アルプスの険しい地形は、自然の要塞になって守るに堅い。アルプストンネルを使えば、軍需を運ぶのにも便利である。だからスイスは周辺諸国にしばしば狙われた。それをよく知っていたスイス人は１６７４年「武装中立」を明確に宣言した。他国間の戦争には一切関与せず、他国の軍がスイスを通るのも認めないという立場だった。

小国ながら強力な軍で武装したスイスは、第二次大戦においても武装中立を維持することに成功したのだった。

ビジネスの世界における「争地」とは、何だろうか。

投資家が、あるベンチャー企業家と会ったとしよう。

投資家「で、あなたは何を開発するつもりですか？」

企業家「フォトショップの地位を奪う、画像編集ソフトトウェアを作ります」

投資家は、絶対にこの企業に投資しないだろう。「標準的な画像編集ソフトトウェア」の地位は、一度決められたら、滅多に変わることがない、「争地」の領域である。だから、ここを先に取られたら後から攻める側は攻撃しても、勝算がないのだ。

炭酸飲料水「コーラ」の代名詞となっているコカ・コーラ社の地位も、ペプシコ社などの競合他社が簡単に奪うことができない。〝コーラの元祖〟というポジションは、「争地」に当たるのだ。

だからペプシコ社はいくら努力してもコーラではコカ・コーラ社に追いつけなかったが、コーラ以外の飲料「ゲータレード」、「トロピカーナ」、「セブンアップ」などを販売したことに加え、ピザハット、タコベル、ケンタッキーフライドチキンなどのファストフードチェーンにも投資する戦略を打ち出し、会社全体の売り上げではコカ・コーラ社を上回った。

「争地」を先に取られたら、別の方面から攻めるのも一つの手ということである。

4・交地（敵も味方も往来が便利な場所）

交地の典型が中国の中原（漢民族の興った黄河中流の地域）である。ここは誰にでも往来が便利だったため、外国の侵略から防備することが難しかった。

漢民族がチンギス・ハーンやヌルハチに征服されたのは、彼らの領土が交地で、敵の往来に便利だったからである。太平洋戦争の際のハワイ真珠湾も、米軍・日本軍共に往来の容易い場所であった。こんな所に駐屯している部隊は、襲撃される危険が高いから、他の味方とのコミュニケーションに、いつも気を遣わなければならないのだ。

5・衢地（利害関係が集中している場所）

『孫子』の原典には「諸侯之地三屬、先至而得天下之衆者」とある。これを直訳すると「諸侯たちの領地3つと接していて、先に取る方が天下の民衆を得る地域」になる。少し分かりにくいが、次の事例を読めば理解できるはずだ。

まず、「諸侯たちの領地3つと接していて」は、3つの諸侯たち、つまり2つの国だけではなく複

解説

数の国の領地と接している地だということだ。つまり「多数の国の利害関係が集中している地」であるのだ。

19世紀から20世紀にかけての朝鮮半島は「諸侯たち」――日本、ロシア、中国、アメリカの4国の利害関係が衝突する只中にあった。海に面している半島は軍事的要衝で、ロシアとしては喉から手が出るほど欲しい不凍港であり、日本にとっても大陸に進出するために必要な橋頭堡であった。20世紀の中盤には、米国はロシアから発せられた共産化の波を食い止めるための拠点として、朝鮮半島を重視し、朝鮮戦争に介入した。

もし、この戦争で半島が丸ごと共産化していたら、８０００万人が共産党の人民となっていたのだ。つまり「天下の民衆を得る地域」であったのだ。

ここを支配した国の共通点は、外交関係を巧みに活かしたことである。日本は19世紀末から20世紀初頭にかけて、西欧列強たちとの条約で半島での影響力を強化することに成功したし、20世紀の米国は「共産主義との戦い」を掲げて、資本主義諸国と連携した。このように、利害関係が複雑に交錯する衢地では、同盟をよく活かす者が利益を得るのである。

ビジネスにおける「衢地」の良い事例に「標準規格を巡る戦い」がある。

「ＶＨＳかベータか」「ニンテンドーかＰＳか」「ブルーレイかＨＤ・ＤＶＤか」などである。こういった戦いでも重要なのは他国＝他メーカーとの外交関係なのだ。

解説

６・重地（敵の領地深くに侵入したところ）

「重地」は敵地深くに入り込んだことを意味する。兵は「もう帰ることはできない。帰るには戦って勝つしかない」と考え、戦いだけに集中するようになる。

現代の重地の例として海外市場がある。その場合、必要な物をいちいち本社から運送するよりは現地で調達した方が、費用は安くなる。注意すべきことは、現地法人を本社がコントロールできなくて品質が管理できない場合が頻発することで、これには気を遣わなければならない。

７・圮地（山林や沼沢地といった険しい戦場）

圮地とは、天険の地で行軍に不利な地形を意味する。普段は絶対に避けるべき地形だが、名将たちはこの圮地を利用して、敵の虚を突いたことがある。

平安時代、「源平の合戦」の一つである一ノ谷の合戦において、源氏は範頼と義経、軍を２つに分けて、平氏に当たった。別働隊を率いていた義経は、さらに軍を２つに分け、自身は数十騎を率いて平氏の背後に回り、急峻な崖から一気に駆け下り、奇襲をかけた。まさかそのような圮地からの攻撃を予期していなかった平氏は、混乱をきたし、敗走したのである。

８・囲地（入り口は狭く、出口も狭い戦場）

囲地は入るにも出るにも狭いので、小勢が大勢と互角に戦える場所である。

インディアン部族のスー族は、白人と勇ましく戦ったことで知られ、中でもクレイジー・ホース

解説

という戦士は有名である。スー族は彼のような勇者を擁していただけではなく、バッファロー狩りで培った戦略も巧みであった。スー族のほとんどは銃を相手に矢で戦ったが、敵を狭い地形に誘導して、そこで戦うのを得意とした。「リトルビッグホーンの戦い」でも、狭い地形を使って敵を挟撃し、米第7騎兵隊を破った。

9・死地（軍の奮戦次第で生死が決まる戦場）

読者の誰もが「背水の陣」という言葉を聞いたことがあるはずだ。死地は、背水の陣のように「逃げ道がなく、勝つしか生き残る道がない」地形である。

こう書くと死地は不利な地形だと思われるが、ここでは追い詰められた兵が高い集中力を発揮するため、巧みな将は死地をよく利用した。

他の8つの地形と違って、「死地」は、戦場の空間的な意味だけでなく、戦いの状況の全体を意味することでもある。例えば東京大学に行きたい受験生が、他の大学には志望届けを出さなかったとしたら、彼は自分を逃げ道のない死地に身を置いているのである。

敵を困らせよ

【九地篇②】

超訳

戦が上手な将は、敵の前軍と後軍がお互いに連絡できないようにし、主力部隊と輸送部隊が助け合わないようにし、将校と兵士がお互いを助け合わぬようにし、上下の組織の連絡を寸断し、兵を分離させて集中できないようにした。

こうして良いチャンスが来ると攻撃するが、そうでなければ止まって機会を待つ。

解説

「戦争が上手な人は、敵の団結を邪魔する」がこのくだりのポイントである。

敵のコミュニケーションを邪魔して、敵同士が協力できないようにすることで、小勢の軍隊が大勢の軍隊を倒すことができる。筆者は、ベトナム戦争に参戦した人から直接話を聞いたことがある。彼は小隊長として数々の戦闘で武功を立て勲章までもらった人である。彼によると、**北ベトナム軍は真っ先に通信兵を暗殺してから攻撃を始めた**という。本格的な戦闘の前に、まず通信を途絶させれば、他の部隊が助けに来ることができないからである。このように敵の間を分離して、互いに協力することを邪魔するテクニックはどの種類の戦いにも有効である。外交の事例を見ても、敵を分裂させる方法がよく使われる。

例えば、米国は中国を牽制するために、台湾に武器を売るとか、ダライ・ラマ14世をホワイトハウスに招待するなどしている。中国と、中国の周りの勢力を離間《りかん》する方法で、効果的に中国を牽制しているのである。

離間は社会生活でも多く使われるから、**離間に巧みな人には注意しなければならない**。離間は社内政治にも基本的に使われる手である。経営者の間の離間もあり、経営者が部下を離間する場合もある。最も極端な事例は、会社が2つの派閥に分けられてお互いに戦ったり離間したりすることである。離間はあくまで敵に使うべき戦略なのだが、それを自分自身に使う会社がどうなるかは火を見るより明らかである。分裂させる対象はあくまで敵で、味方が分裂するのは避けなければならない。

超訳

敵の大切なものを奪え

【九地篇③】


あえて問おう。

もし、敵が整然と大軍を揃えて進撃してきたら、どうすれば良いのか?

答えると、相手の機先を制し「敵が大切にしているもの」※を奪取すれば、彼らはこちらの思い通りになるであろう。

戦争は迅速が第一だから、敵の配備がまだ終わらないスキを突いて、思いもかけない方法を使い、思いもかけない所を攻撃するのである。

※この戦略のいい事例では、拉致犯罪がある。相手の大切な存在（家族）を人質にして、相手を自分の思うままにする。このように、犯罪者の戦略も、兵法に基づいているのだ。

解説

筆者の知人、L君は飼っていたハムスターが癌になってしまい、動物病院に向かった。

ハムスターが病気なのは、ある日ハムスターの腹に何か大きく、硬いかたまりが感じられたことで発覚した。初めて飼ったペットだったから、そのハムスターはL君一家にとって大切な存在だった。

動物病院の医者は、ハムスターのレントゲン写真を撮り、超音波検査を行うと、言った。

「残念ですが、もう手遅れです。癌が進行し過ぎていて……」

L君一家は号泣し、妹は食事も喉を通らないほどだった。ハムスターの葬式が済むまで、彼の家には重苦しい空気が流れていたという。

しかし、L君が後で調べた結果、ハムスターに癌が生じた際、あのくらいの大きさになっていたら、まず助かる可能性はないということが分かった。触診した医者もよく分かっていたはずだが、**分かったうえでレントゲン写真や、超音波検査といったお金がかかる検査を行ったのだ。**

これが可能だったのは、医者がL君の大切なハムスターの命を左右する存在だったからである。

L君が**「大切にしているもの」を握って、意のままに動かした**ということである。

超訳

部下のやる気を引き出す

【九地篇④】

敵国に進撃した場合は、より深く入り込んでいかなければならない。深く入り込んで「重地」を占めれば、戦場は敵にとって「散地」になる。そこで物資を掠奪すれば軍の食糧も潤う。そこで兵たちの腹を満たし、よく休ませて力を蓄えるのだ。

そして用兵する時には策を巡らし、逃げ道がない所に兵を投入すれば、兵たちは強い覚悟で生命を懸けて戦う。

兵たちを命の危険に晒し、行き場をなくすことによって兵たちは団結し、心も決まる。

※そういう軍は将が統率するまでもなく自ら任務を果たし、お互いに協力し、規則を守る。

さらに占いといった迷信の類を禁止することによって、兵たちは死ぬその時まで、余念を捨てることになる。

兵たちが全てを投げうって戦うのは、命が惜しくないからではない。

いざ命令がくだされれば、座っている兵は涙で襟を潤し、臥せっている兵は顔中涙まみれ

超訳

となる。

こういう兵であっても、逃げ場のない戦場に投入することによって、古《いにしえ》の勇者のような働きを見せるのである。

※原文は「兵不修而戒」で、直訳すれば「兵士は統制しなくても自ら慎む（警戒する）」になるが、このように意訳するのが自然である。

兵を勇ましく戦わせたければ、

1・兵たちの体力を高めて

2・逃げ道を奪え

解説

ということが、ここでのポイントである。これを会社における事例で考えてみよう。

筆者の知人のA君の会社では、上司がいつも部下たちを夜11時まで働かせ、徹夜も頻発した。職場のオフィスビルは、夜になると換気システムが停止される仕組みになっていて、そんな中、遅くまで働くのは健康・精神衛生、両面で負担となった。

A君はそのチームのエースだったが、あまりに無理して結核を発症した。結核は主に衛生状態の悪い後進国で発生するが、過剰なストレスも原因になる。A君は文字通り「血を吐くまで働いた」のである。このような会社の経営者は、兵たちを余計な死地に追い込んで、体力を奪ってしまったのである。

その反対のケースもある。

筆者の知人Bちゃんの会社では上司が寛大な性格で部下が、「この仕事、今週木曜日まででで良いでしょうか?」と訊くと、

解説

「まあ、来週の月曜日まででで良いけど……木曜日までにできれば持ってきて」

という風に反応するのが常であった。

その結果、チームは木曜日までに終わらせることができる仕事を、のんびり来週月曜日までに仕上げる集団になってしまった。さらに、社員たちの間で派閥が発生し、雰囲気が悪くなっていった。忙しくないので、仕事以外の余計なことに集中するようになってしまったのだ。

木曜日までに終わらせれば良い仕事を、のんびり月曜日まで引き延ばすチームは、どう考えても健全な組織ではない。この上司は寛大な人物などではなく、成功のための意欲がなく、会社より自分の月給を大事に考える利己主義者である。

彼は充分過ぎる休息を兵＝社員に与えて「逃げ場を奪う」ことを忘れ、無気力な組織を作り上げてしまったのだ。

先に挙げた2つの条件はどちらも満たすことが大切で、どちらか一方が足りないだけで、兵は善く戦うことができなくなるのである。

超訳

軍を団結させる方法

【九地篇⑤】

用兵を得意とする者が率いる軍は「率然」のようである。率然とは常山に住まう蛇のことだ。こいつの頭を撃つと尾が反撃し、尾を撃つと頭が反撃する。腹を撃つと頭と尾が同時に反撃してくる。

「お言葉だが、軍をその率然のように動かすことができるのか？」と問われれば「できる」と答える。

呉越[※①]の両国は互いに憎み合う仲であるが、同じ船に乗り、台風[※②]に遭うと右手と左手のように力を合わせて、生きるために頑張るだろう。

では、兵が団結して頑張るようにするためには、ただ逃げ道を塞いで死地に追い込むだけで良いだろうか。そうではない。

全軍をひとつに団結させるのは、大義名分[※③]で兵士を鼓舞するような政治的リーダーシップである。

そして、勇敢な兵と脆弱な兵、皆の力を活かすために、兵が必死で戦わざるを得ない条件

超訳

を整えること。

このふたつでもって、用兵に長けた者の軍は、全軍がまるで手を繋いでいるかのように一体になるのである。

その様は率然が如きものであろう。

※①これは、「呉越同舟」の故事を指している。
※②このような戦況による人間の心理変化の原理を、「地の理」という。
※③このような政治的リーダーシップを「政の道」という。

解説

「率然」は、有機的に動く組織の比喩である。

「有機的に動く」とは、命令がなくても、皆が組織のために動けるということだ。

組織がこのようになるために必要なことが「政の道」と「地の理」なのだ。

「地の理」は、戦場と戦況による兵たちの心理変化の原理である。例えば、逃げ道がある場所で戦ったら、兵の中に逃げ出す者が出てくるとか、四方が塞がれているところで戦うと、兵たちが戦いに集中するようになるとか、そういったことである。これをよく利用すれば、兵たちを意図通りに動かすことができる。

だが、組織を率然のように——つまり有機的に動かすには、これだけでは足りない。

「政の道」、つまり使命とビジョンが兵たちに浸透していなければ、全員が一丸となることは難しい。使命とビジョンを必要とするのは、何か大事業をする時に限ったことではない。**あなたがどんな仕事をしていても、自分の仕事から意味を発見することができる。**

古今東西、軍隊の飯は不味いことで知られる。そして、軍で料理を担当する兵たちは、自分たちが料理人だという自覚はあまりない。だが、イラク駐留米軍が運営した「ペガサス食堂」は、美味しい料理を出すことで評判だったという。

空調のきいた店内で出される料理の質は完璧で、グリル・サラダ・ピザ・サンドイッチ・アイスクリームが自慢だという。

解説

食堂で働く兵たちは、自分の仕事にプライドを持っている。なぜか？

ペガサス食堂のシェフのフロイド・リーは、一緒に軍隊食堂で働く兵たちに「ペガサス食堂が、駐留米軍の士気を一手に担っているのだ」と説いた。

彼は軍で25年もの間勤務しており、軍の生活がいかに大変なのか、またイラクで勤務するのがどれだけ危険で不安なことかもよく理解している。

彼は、自分たちの仕事が、ただ飯を提供することだけではなく、敵地の兵たちに休息を提供して士気を高めているのだと説明したのである。その結果、彼の下で働く兵たちも、自分の仕事にやり甲斐を感じるようになり、最高の軍隊食堂になったのだ。

「作業」を「使命」に昇華するリーダーシップ、それが「政の道」であるのだ。

超訳

兵たちを戦いに投入する方法

【九地篇⑥】

将たる者は軍を冷静に、そして厳正に統率しなければならない。

兵たちを巧くごまかして、作戦の詳細を知らせぬようにし、その内容を絶えず更新していく。駐屯地を変えたり、行軍路を変更して迂回する時も、兵たちには知られないようにする。いざ任務を与える時には、兵を高いところに登らせてから梯子を取り去るようにして、余計なことを考えさせないようにする。

兵たちを導き、深く敵国に入り込んだときは羊の群れを追いやるように進撃させる。まるで放たれた矢のように、帰ることも止まることも許されないようにする。兵たちは言われるがままに進撃し、戦わされ、どこに行くのかも知らされない。こうやって全軍を危機に追いやって、必死に戦うようにするのが将の仕事なのである。

地形の種類に応じた変化、進撃・退却の利害、そして兵たちの心理はどう変化するのかを、いつも慎重に観察しなければならない。

部下に、必要以上に作戦の内容を明かしてはいけないということである。

ジョージ・ルーカス監督は『スター・ウォーズ　エピソードV帝国の逆襲』を作る時、ダース・ベイダーがルーク・スカイウォーカーに語る「私がお前の父親だ」という有名な台詞を、制作陣に徹底して秘密にした。シナリオには違う台詞が書かれており、撮影が終わった後ベイダーの声をダビングする時まで、それを知っていたのは監督一人だけだったという。すべてはネタバレを恐れてのことであった。

米アップルもリークを極度に嫌うことで知られ、新製品を作っている時は、個々の職員たちは自分たちが作っている物が何に使われるのか分からない場合すらあるという。製品が完成してから、「あっ、私が作っていたのはiPhoneの機能だったのか」となるのだ。

作戦の計画が敵にバレるのは、ほとんどが味方の兵の口からである。今日の会社でも、ライバル会社の友達とチャットサービスで話している不届き者が見られる。筆者は、自社の機密情報を競争会社の友達にペラペラとしゃべる人を見たことがある。

彼は幹部だったが、自分のポジションに何の責任感も持っていない人だった。そういった人物は表面上は味方でも、実は会社にとっては敵であり、危険な存在である。どんな会社でも、そんな社員が組織内にいないと断言することはできない。**情報化社会とはいっても、本当に重要な機密は、必要最低限の人にしか漏らしてはいけないのだ。**

超訳

【九地篇⑦】

兵たちの心理を操る方法

敵地に進攻した場合、先に挙げたように、深く入り込めば戦に専念できるが、浅いと兵が気を散らして、よく戦えない。


国境を越えて軍を進めたところを総称して「絶地」という。

四方に通ずる中心地が衢地であり、深く侵入した所が重地であり、敵地に侵入したばかりだから、戻ろうと思えば戻れるのが軽地である。背後が険しく進路が狭いのが囲地であり、行き場がないのが死地である。

散地で戦わざるを得ない時は、家族を心配して気を散らしている兵たちの意志を、ひとつに統一する努力が必要である。

軽地は本国に後ろ髪を引かれている兵たちの気が緩まないよう、組織内の連絡を緊密にすることが必要である。

先に争地を押さえられている場合は、敵に優位な正面からではなく、背後に回って戦う。

超訳

敵味方の往来に不自由しない交地では、奇襲の可能性を考えて、守備を厳重にする。

衢地は多くの諸侯の利害関係が懸かっている地域だから、有利な同盟を作って連合軍になって戦えばよい。

重地は敵国の深いところだから、食糧の補給に気を遣う。

身動きが取りづらい圮地では、早くその場を通り過ぎることだ。

囲地には狭い逃げ道があるため、兵たちが逃げる可能性があるので、逃げ道を塞ぐ。

死地では、兵たちに逃げ道がなく、生き延びるには敵を滅ぼすしかないことを周知徹底させる。


兵たちの心理としては、敵に囲まれれば熱心に防御するし、戦うしかない状況ともなれば戦うし、あまりに危険が多ければ従順となる。

解説

ここでは九地篇の初めの部分と、ほとんど同じ話が繰り返されている。

9つの地形の対処法は、九地篇の部分ですでに詳しく説明したから、そこを参考にして欲しい（180ページ）。

「場所により人の心理が変化する」というくだりは、今日の私たちも日常に応用できる余地が多い。

例えば、デートする時、どの場所にいくのか、そしてその後にどこに移動するのかによって相手の心理を変化させることができる。

あなたが男性で、まだ浅い関係の女性と会う場合は、場所の選択を間違えることで、再び会えなくなることもある。

例えば女性と食事をする時、家族連れの客が多いファミリーレストランに行ったら、周りの子供たちの声で雰囲気を壊す恐れがある。午後、おしゃれなカフェに連れて行ったはいいが、窓際の席に降り注ぐ日光で女性の肌荒れが目立ってしまい不興を買ったという話もある。

初めて会う時には夕べに、ソフトな間接照明のある所で会うのが良いのだ。

デートをする際、場所を移すセンスも重要である。人が多い盛り場を歩いた後は、静かな場所に行って相手に集中することができる雰囲気を作るのが良いだろう。まるで戦いに巧みな将が戦場による兵の心理の変化をよく治めるのと同じように、デートに巧みな男は場所による女性の心理の変化を治めるのだ。

解説

とはいえ「この場所なら、女性の心理はこうなる」といったメソッドを必要以上に実践するのは考えものである。マイカーでのデートは、一般に車が普及して以来、王道である。車の中は2人きりなので、相手に集中することができ、デートに適しているのは事実である。

しかし筆者は、相手をよく見極めずマイカーデートを繰り返す男が、車酔いが激しい女性を乗せてしまいデートどころではなくなった事例を知っている。

つまり、**場所によっての心理の変化は人それぞれであって、それを操ろうと思ったら兵法と同じで、相手に応じて応用しなければならないのだ。**

超訳

相手の腹の内

【九地篇⑧】

諸侯たちの腹の内を知らなければ、良い相手と同盟することができない。[※]
山林や沼沢地などの険しい地形を把握していなければ、行軍はできない。
現地人をガイドに使わない将は、地形の恩恵を受けられない。
以上の三つのうち一つでも知らなければ、覇王の軍とはいえない。

※この文章は「不能豫交」の訳で、「豫」は、「楽な」「楽しい」「安楽な」を意味し、「豫交」は「良い同盟を結ぶ」に訳するのが正しい。日本では「予」で直訳して、「前もって同盟する」のような不自然な誤訳をよく目にする。

解説

『兵法三十六計』に、「假道伐虢《かどうばつかく》」という故事がある。「假道伐虢」とは、「道を借りて虢を伐つ」という意味である。中国春秋時代の虢と虞《ぐ》は、隣り合う小さな国だった。

この2つの国を征服したかった晋《しん》は、2つの国が力を合わせるのを塞ぐために虞の王を買収して自分の味方にしようとした。晋は、虞の王に財宝と名馬をプレゼントして「虢を伐つから道を貸してください」と頼んだ。こうして虢が滅亡すると、虞は連合することができる国がなくなってしまった。結局、虞も晋に吸収されて、なくなってしまった。

虞王は、晋王の腹の内を知らずに、破滅することになった。このように、**相手の腹の内を知らなければ、誰が敵なのか、誰と友達になるべきなのか判断することができない**のだ。

現代のビジネスで、良い同盟を作って成功した事例として、ソーシャルネットワーキングサービスの最大手Facebookがある。かつては収入を広告のみに頼っていたFacebookだが、その代理店となっていたのはマイクロソフトである。

Facebookの創立者マーク・ザッカーバーグは、マイクロソフトがGoogleに色々な買収競争で遅れを取っていること、FacebookをGoogleに持っていかれるのは絶対に避けたがっていること、といった相手の思惑を読み、好条件の契約を取ることに成功した。このように業界の諸侯（Google、マイクロソフト）の腹の内を把握していた結果、ザッカーバーグは良い相手と同盟して、世界で最も若い億万長者となったのだ。

超訳

外交の駆け引き

【九地篇⑨】


覇王の軍は、大国を征伐する時、敵が兵力を集中できないように妨害する。

威勢が伝われば、敵国が他国と同盟できなくなる。

こういうわけで、他国との同盟に努めるまでもなく、自分の覇権を誇示することもなく、
ただ自分の信念だけで敵を脅かす。

こうして敵の城を落とせるし、国を滅ぼすこともできるのである。

※米国が良い事例だが、超大国は敵国に圧迫を加えて脅すことができる。もし米国がイランなどに制裁を加えれば、他の国もイランと経済協力ができなくなる、といった具合だ。

解説

「覇王」とは諸侯のリーダーで、天下の秩序を守る者を意味する。つまり「覇王の軍」とは最強の軍のことを指している。

本文の内容をシンプルな問答で書き直せば、次のようになるだろう。

Q：最強の軍は敵をどう扱うのか？

A：敵を団結させず、分散させる

『三国志演義』には、貂蝉《ちょうせん》という絶世の美女が登場する。その義父の王允《おういん》は、悪逆非道の権力者だった董卓《とうたく》を殺すために、貂蝉を利用しようと思い立つ。当時、董卓の側には中華最強の武将・呂布《りょふ》が控えており、誰も手が出せなかった。

王允は貂蝉を、まず呂布の元に送り誘惑させ、然る後に董卓に献上してしまった。恋人を奪われ、怒った呂布と董卓の仲は引き裂かれ、ついには呂布が董卓を殺害した。

この逸話は架空のものであるが、武力の象徴のような呂布を擁する董卓が、離間の策によりあっけなく討ち取られる様は、孫子の言う「敵には分裂させて当たれ」という教えをよく裏付けている。

超訳

覇王の軍が味方を扱う方法

【九地篇⑩】

名将は破格の恩賞で兵を励ましたり、異例の命令を下して兵を服従させ、大軍をまるで人ひとりを動かしているかのように指揮するべきである。

そして部下に任務を与えるときは、その理由を説明してはいけない。

利益のみを教えて動くようにして、不安要素はあらかじめ説明してはいけない。

軍隊は亡地※に投入された後にこそ生き残る方法を学び、死地に陥った後にこそ生きるものである。

兵は危難に遭ってこそ、勝利を手にすることができるのである。

※「亡地（ぼうち）」は、死地ほどではないが、とても過酷な状況という意味だと推測できる。

解説

このくだりでは「覇王の軍」つまり「最強の軍」が味方の兵をどう扱うのかについて語っている。特に、難しいミッションを与えて、部下の能力を最大限まで発揮させる方法を勧めている。こうすると、高い業績に加えて、部下の実力の向上も見込めるのだ。

例えば、ソニーの創業者である盛田昭夫が70年代の技術では開発不可能だと思われた小型のステレオを作ることを指示した結果、ウォークマンが誕生し、さらにその過程で社内の技術とデザイン力が大幅に向上した。

『ロード・オブ・ザ・リング』の監督として知られるピーター・ジャクソンは、ただでさえ無理なスケジュールで働いていたＣＧチームに大規模戦闘のシーンを追加することを要求した。チームは期待に応え、大迫力の戦闘シーンが追加されたうえ、短期間に質の高いＣＧを制作するノウハウが確立された。

２００６年、米国の３人の若者が「オデオ」というインターネット会社を設立した。だが、当初の計画通りに事業が進行せず「もうダメだ」との声が上がった。窮地に追い込まれた彼らは「できるだけ早く作れる、何か面白いもの」を作り、会社を取り巻く暗雲を一掃しようと考えた。２週間をかけて作られたそれが、現在は月間３億人以上が使用するウェブサービス「Twitter」であった。

苦闘の後にしか得られない知識と経験があり、死地に陥った後にしか出ないアイディアがある。兵はそれを克服してこそ、強く成長し、役立つ軍となるのだ。

超訳

はじめは少女のように、後には脱兎のように【九地篇⑪】

戦を行ううえで大切なことは、敵の意図を充分に把握することである。

そうすれば千里の遠くにいる敵将も、こちらの意図通りに動かして殺すことができる。

これが巧みな勝利というのである。

戦が始まれば敵国との国境を封鎖し、旅券発行を停止し、敵の使臣の往来も止める。

宮廷で戦略を検討、決定する。

敵にスキがあれば機会を逃さず早速進攻し、敵の急所を奇襲して占領した後、敵の行動と状況により戦術を変えながら戦をすべきだ。

はじめは少女のように行動して敵を油断させ、敵にスキがあれば脱走するウサギのように素早く攻撃し、敵に反撃する時間を与えないのである。

解説

一般に少女というと連想されるのは「可愛い」「純粋」「か弱い」「無害」といった言葉だ。つまり「はじめは少女のように」とは、右のような印象を敵に与えて、油断させるように偽装した姿を意味する。「釣り野伏せ」という、戦国時代に島津家が得意とした戦法がある。全軍を3隊に分けて、2つの部隊は左右に伏せて、中央の1部隊が弱いふりをしながら後退して敵を誘引する作戦である。逃げる部隊を得意になって追撃する敵部隊は、左右に伏せている2隊に挟撃され、さらに本気を出した中央の部隊からも逆襲されることで、3方向から予想外の攻撃を受けることになる。釣り野伏せから理解できる「はじめは少女のように、後には脱兎のように」とは、次のような方法である。

1・「少女のように」弱いふりをして敵を油断させる
2・油断している敵にスキが生じる
3・そのスキを「兎のように」素早く攻撃し、敵を倒す

世間には、常に腰が低い人もいれば、すぐに自分の自慢話をして、自らを大きく見せようとする人もいる。普通、私たちは前者に好感を持ち、後者に嫌悪感を覚えるが、こう思う理由はただ「前者が礼儀正しいから」ではなく、後者に無意識に警戒心を起こしているからだ。物腰が低い人は、他者を必要以上に刺激せず、敵を油断させて、本当に必要な時に利益を得ようとする。どちらが生存に適しているか、考えるまでもないだろう。

Ultra Translated Sunzi!

12章 火攻篇

古代唯一の大量破壊兵器

これほど具体的な主題の篇は今までなかった。なぜ「剣術篇」「弓術篇」などはないのか？　読者の中にはこう思う方もいるかもしれない。

その理由は、火攻が当時の唯一の「大量破壊兵器」だったからだ。火が敵の全てを破壊することができる、唯一の武器であったのだ。

逆に考えると、敵がこちらを火攻で狙っていると思うとゾッとする話である。したがって、昔の将はいつも火攻の可能性を意識しなければならなかった。

だから火攻だけが別の篇として独立しているのである。今日の私たちも、敵が極端な手を使う可能性をいつも考慮しなければならない。

火攻めの方法

火攻には、「火人《かじん》」「火積《かし》」「火輜《かし》」「火庫《かこ》」「火隊《かたい》」の5つの種類がある。火人は、敵の兵を燃やすことで、火積は兵糧を、火輜は輸送車を、火庫は倉庫を、火隊は橋などの行路を燃やすことである。

火攻を実行するには、事前に条件を整えなければならない。適切な時、日があるのだ。適切な時とは、大気が乾燥している時である。

※①適切な日とは、月が箕《き》・壁《へき》・翼《よく》・軫《しん》の星座に位置する日である。この日は強い風が起こる。

また、火攻は必ず次の5つの方法により起こる状況の変化によく対応しなければならない。

まず、敵陣の中に味方が放った火を見つけたら、外からも呼応して攻撃する。ただし、火が放たれた後も敵陣が静かで、動揺しないようなら攻撃せずに待つ。敵陣を注視して、火力が極みに達したときに攻撃すべきだが、できない状況であれば中止するのだ（無理に攻撃して味方に被害が出るのを防ぐためである）。そして、外から火をかけられそうな敵陣には、陣内での発火を待たずして適当な時を見て火をかけてしまう。

超訳

風上から燃え出したときは、風下から仕掛けると巻き込まれるので、慎む。
そして、昼間の風が長く続いたときには、夜の風向きが変わるので、火攻はやめる。[※②]
火攻を使うのは確実な利益が見込める。
水攻を使うのも手だが、水攻は敵を寸断することができても、敵のすべてを奪うことはできない。

※①これは科学的な根拠がない部分である。風は星座の位置とは関係ない。
※②これにも科学的な根拠はないが「風の状態は昼と夜が違う場合が多いから注意すべき」と理解すれば良い。

解説

どんな攻撃でもそうだが、特に火攻めは、その条件が大切である。条件が合わない場合、火攻めは使えない。

中国の三国時代に行われた魏呉の決戦「赤壁の戦い」でも、火攻めで勝負が決まった。魏軍のほとんどは水に慣れていなかったから、船酔いを防ぐために全軍の船を金鎖で繋げて揺れを軽減した。呉の黄蓋《こうがい》は魏軍の船団が密集している弱点を利用して、火攻めを提案した。風向きが南東に変わった時、呉軍は作戦を開始、結果は私たちが知るように、魏軍の大敗だった。

『三国志演義』では、もう一つの大きい戦いで火攻めが登場する。蜀の名軍師・諸葛亮孔明が南蛮平定の時、南蛮軍の鎧が油に浸けた木材でできていることを利用して、敵を火攻めで全滅させた。

このように、火攻めは全ての状況が揃って初めて、使える手段である。

ここで注目すべきことは、2つとも敵の「実」を「虚」に変えたことである。

赤壁の戦いで魏軍の船が繋がれていたのは、兵の船酔いを防ぎ、移動を便利にする「実」でもあったが火攻めの前にはこれが「虚」になった。南蛮軍の鎧が油に浸けられていたのは、それを堅くするから「実」でもあるが、火攻めの前にはこれが「虚」になる。同じ性質でも状況によってそれが「実」にもなって「虚」にもなるのだ。

火攻めは古代の唯一の大量破壊兵器だったため、古代の将軍たちはいつも敵の火攻めの可能性を心配しなければならなかった。

解説

つまり、陣を作る時にも、「ここはひょっとして敵の火攻めの的にはならないか？」、森の中を行軍する時にも、「今、敵が火攻めを仕掛けてきたらどうする？」、戦車などの武器を作る時にも、当時はほとんどを木材で作ったから、「これはひょっとして火に弱いのではないか？」と、ノイローゼになるほど自問自答しなければならなかったのだ。これは火攻めが、敵が採りうる戦法の中で最も強力な、極端な手法だったからである。つまり、「最悪のシナリオ」なのだ。

「起こる可能性が低いから、考慮しなくても良い」と思う態度ほど危険なことはない。災難のすべては起こる可能性が低いことから生じるからである。

現代のビジネスでも、相手が極端な手を使う可能性についていつも顧慮しなければならない。最悪のシナリオを顧慮しない人は、いい戦略家とは言えないのだ。

例えば、人を雇う時には彼がやめる可能性を、同業者がいれば彼が裏切りをする可能性を、取引をする時には相手が詐欺師である可能性を、仲が悪い人がいたら彼が害を与える可能性を考慮するなど、最悪のシナリオにいつも備えていなければならない。

これは安全な人生を生きるためにも重要な態度である。

超訳

費留

【火攻篇②】


戦に勝利し敵の物資を奪っておきながら、※その戦果に満足せずに無駄な戦争を続ける者は、不吉だ（惨めな最期を迎える）。

これを費留《ひりゅう》（人命と財産を浪費しながら留まっている）という。

したがって賢い君主は戦争の結果を憂慮し、優れた将は戦争の利と害を研究する。

利益がない場合、動かない。

利得がない場合、用兵をしない。

少しでも危険がある場合、戦わない。

君主は一時的な怒りで軍隊を起こしてはいけない。

将は一時的な恨みで戦いを始めてはいけない。

利益がある時だけ動き、利益に合わないと判断したら、いつでも立ち止まらなければならない。

怒りは時と共に喜びに変わったり、恨みも時と共に愛に変わることもあるが、滅亡した国

超訳

は二度と立て直すことはできず、死んだ人も蘇らない。
したがって賢い君主は戦争に慎重で、優れた将は戦争を警戒する。
以上が国の安全と軍隊の保全の道である。

※これは「而不修其功者凶」の訳で「修」は「整理する」、つまり「戦争を終える」という意味である。間違った意味に誤訳される場合が多いくだりである。

解説

このくだりでは、戦いに勝利したにも関わらず、さらなる戦果を求めて無駄な戦いを続けることを「費留」と言って、警戒している。いくら戦いに巧みな人も、戦いを止めずにずっと続けたら、いつか負けて惨めな最期を迎えることになる。

ナポレオンが没落した理由も、負けるまで侵略戦争を続けたからである。ナポレオンは失脚後、セントヘレナ島に幽閉されて、島の総督ハドソン・ロウに散々にいじめられた。ハドソン・ロウは腐ったワインに痰をはいてナポレオンに渡し、ナポレオンが飲むことを断るとワインを彼の顔に掛けた。

ハドソン・ロウはいつもナポレオンを「ボナパルト将軍」と呼び嘲笑して、彼の頭を殴ったりした。ナポレオンが本を読んでいると、それを奪って頭を殴った後、破りながらクスクスと笑ったという。体格の良い衛士たちをナポレオンの家の前に立たせ、彼が家を出ようとすると激しく殴打した後、家の中に引き戻した。

屈辱の連続に耐えられなかったナポレオンが病気になった時、ハドソン・ロウはナポレオンの医者を英国に強制送還した。

人々のほとんどはナポレオンの立派な姿だけを知っていて、彼の最期がどのぐらい惨めだったかは知らない。歴史上最高の戦略家の最期は、酷いイジメられっ子の姿よりも悲惨だったのだ。

負けるとはこういうことである。戦いを好む人は、勝率がいくら高くても、結局誰かに敗北して

解説

終わることになる。

「費留」でつぶれる事例は、どこでも見ることができる。

不動産バブルで多くの人が破産した理由も、過去の利益のせいで市場の危険を察知する判断力を失っていたからである。株式投資の初心者が、最初は少々の利益を得ても、結局は全てを失ってつぶれる理由も、初めに得た利益に満足せず無理をして投資するからである。90年代、一世を風靡した音楽プロデューサー・小室哲哉が巨富から没落し、詐欺事件にまで関わった理由も、中国に社業を拡張しようとするなど、過去の成功がずっと続くと考えたからである。このような失敗は全て「費留」だから、警戒しなければならない。

満足を知らないこと自体が悪いのではない。

「今までうまくいっていたし、これからも問題ない」という、不注意な態度が判断力を奪い、失敗に繋がるのである。

成功しているように見える人がつぶれるのは、全てが「費留」のせいだから、自分の仕事がいくら良く進行していても、いつも謙虚な態度で自分の判断力を点検しなければならない。

Ultra Translated Sunzi!

13章 用間篇

情報には金を惜しむな

用間篇ではスパイの使い方について説いている。スパイを使うのは、敵を知るためである。つまり、情報活動である。昔は出版技術と写真技術も通信技術もなかったから、直接買収した人から情報を得るしかなかった。もしこの篇が今日書かれたとしたら、タイトルが「情報篇」などになったはずだ。

現代のビジネスでも情報活動は大切だが、昔とはその様相が変わっている。情報を得ることも容易くなったが、情報の流出もその分容易くなった。このような現代の状況を念頭に置きながらこの篇を読んでみると、もっと役に立つはずだ。

超訳

情報の重要性

【用間篇①】

10万の軍を起こして千里離れた国に出征すると、国民と国家が負担する費用が1日に1000金かかる。そして国内外が大騒ぎになり、道路が混雑し国民は苦労し、農作業もできない所帯が70万に至る。こうして敵と数年間対立して準備するのは、ただ一瞬の勝利のためである。もし将が、官職とお金がもったいないと思ってスパイを遣わず、敵の情報が足りないが故に敗れるとすれば、とんでもないことである。このような者は将の資質がなく、君主をよく補佐することもできず、勝利の主人公にもなれない。

昔から利口な君主と賢い将軍が敵を破り、他国より優れた成功をつかむのは、初めから敵の事情をよく知っているからである。

敵の情報は、占いをして鬼神から得られることでもないし、昔のデータから得られることでもないし、経験から得られることでもない。

敵の情報は必ず人から得なければならないのだ。

解説

昔の将たちは情報不足でいつも苦労していた。情報社会を生きている私たちは、インターネットなどで楽に情報を得ているが、当時の将軍たちは地図も正確ではないし、正確な統計もないし、出版物もなかったから正確な最新の情報を得る方法が滅多になかった。

情報は稀少、戦争は不安とくれば、将たちは自然と占いに頼るようになる。本文に「敵の情報は、占いをして鬼神から得られることでもない」と書かれているのは、そういった将たちを戒めているのだ。それから時が経って21世紀になったが、未だに進歩していない人がいる。**現代の我々の中にさえ、大事な決断をする時に理性的な判断より、運否天賦に頼る人がいるのである。**

普段、数十円を節約するために遠くのスーパーマーケットまで出向く人が、数千万、数億円の投資の判断を無根拠な直感に頼ったりする。これは愚鈍なのではなく、具体的な数字を計算してリスクを直視することが恐ろしいのだ。

大事に臨んでは、絶対に感情的になってはいけない。先に情報を集めるところから始めるべきで、その情報から最も合理的な判断を打ち出さなければならない。**「人事を尽くして天命を待つ」の言葉通り、神仏や運に頼るのは、全力を尽くした後でも遅くはない。**

超訳

スパイの種類

【用間篇②】

スパイには5種類ある。

1・郷間《きょうかん》……敵国の一般人をスパイに使う

2・内間《ないかん》……敵国の役人をスパイに使う

3・反間《はんかん》……敵国のスパイを味方に転向させて二重スパイにする

4・死間《しかん》……味方のスパイに偽りの情報を教えたうえで、わざと敵に捕らえさせる。それを拷問した敵は、得られた情報を真実だと思い込む

5・生間《せいかん》……敵国の情報を探り、生還の後、情報を得る

将は全軍の中で最もスパイと親しく、恩賞も厚くしなければならないし、運用は密かに行わなければならない。

人を見通す知恵がない人はスパイを使うことができない。

超訳

仁義がない人はスパイを使うことができない。

かすかな糸口から敵の虚と実を把握する能力がない人は、スパイから真の情報を得ることができない。

微妙なことだ。戦争ではスパイを使わない局面がない。

ただ、スパイがもし敵にばれたら、スパイはもちろん、その情報を知らせた者も共に殺さなければならない。

解説

私たちは「スパイ」というと、『007』のように自国の人間を敵国に送って情報活動をさせることだと思うが、実際に役に立つのは、何といっても敵国の現地人である。

スパイの目的は何かといえば、敵を知ることである。普通に考えれば、敵のことを最も良く知っているのは、敵自身である。

『孫子』が説く5つのスパイのタイプを見ても、

生間……敵国に赴いて情報活動をするスパイ（ジェームズ・ボンドはこれにあたる）
死間……敵に捕らえられて偽情報を吐くスパイ

の2つは自国民だが、

郷間……敵国の住民を味方のスパイとして使う
内間……敵国の幹部を味方のスパイとして使う
反間……敵国のスパイを引き抜いて味方のスパイとして使う

の3つは敵国民である。

この中でも、敵の機密情報に精通している内間と反間は、貴重な存在だ。特に、敵国の情報機関の首脳部を味方に引き入れることができれば、内間と反間のメリットを同時に持っている最強のスパイとなる。

解説

北アイルランドのデニス・ドナルドソンがその良い事例である。彼は英国からの独立を訴えるシン・フェイン党の議会事務局長で、アイルランド共和軍（ＩＲＡ）の活動家でもある。だが、彼は２００５年「私は過去20年間、英国のスパイとして活動した」と告白した。

その後、彼はＲＩＲＡ（ＩＲＡの分派）により殺害された。英国はドナルドソンを使って北アイルランドの独立を目指す人々を多数殺害したというから、その復讐だったのである。

敵国人を味方のスパイに使うことができる理由は簡単で、お金である。世界のほとんどの人は理念よりもお金を好むのである。

特に英国と北アイルランドのような小国が戦う場合、経済力で優位に立つ国は、敵国の幹部をお金で買収することができるから、ずっと有利である。

経済力の差は、ただハイテク武器を作る能力だけではなく、スパイを使える能力の差でもある。貧乏な側は、不利な武器と兵力のハンディだけではなく、内部の敵と戦わなければならないのだ。

超訳

スパイの大切さ

【用間篇③】


敵を攻撃したいとか、城を落としたいとか、敵将を殺したいと考えるなら、先に敵の守備をしている将や側近、連絡将校、門番、幕僚などの名前を調べ上げることだ。

そのためにはスパイを利用しなければならない。

また、こちらの情報を得るためにやって来る敵国のスパイを探し出して、敵より多い報酬で誘い、転向させて反間として送り返す。

反間により敵の情報を知る事ができるから、敵国の郷間（一般人のスパイ）と内間（役人のスパイ）を使※うことができる。

敵の内情を知れば死間を使って偽りの情報を敵に流すことができる。

反間から得た敵国の情報により、生間も予定通りに使うことができる。

5つのタイプのスパイの使い方は君主が必ず知っていなければならないが、基本は反間であるので、いつも優遇しなければならない。

昔、殷《いん》が天下に覇を唱えたときは伊摯《いし》がスパイとして敵国・夏《か》にいて、その殷が周《しゅう》に滅ぼさ

超訳

れたときは呂尚《りょしょう》がスパイとして活躍した。

このように、利口な君主と賢明な将軍だけが、巧みにスパイを使って大功を成し遂げることができるのだ。

スパイの活用は大切な用兵術で、全軍はスパイから得た情報により行動するのである。

※反間が敵国人だから、彼を利用して他の敵国人もスパイとして雇える。

戦争を行う時に、敵の内部に味方のスパイがいることほど心強いことはないだろう。逆に、味方として信じていた人が、敵のスパイであったら、これほどショッキングなことはない。だから、スパイといえばその語感がよくないのは仕方ないかもしれない。

解説

イスラエルの国民的英雄の中にエリ・コーヘンという人がいる。彼が有名なのは、敵国の中でスパイ活動をしながら中東戦争でのイスラエルの勝利に決定的に貢献したからだ。

普通、国民的英雄と言えば科学者や政治家や運動選手などだが、スパイが英雄だというのは意外だと思われるかもしれない。だがこれには理由がある。

エリ・コーヘンがシリアでスパイ活動を行なったのは１９６０年代のことである。彼はイスラエルからお金を貰い、それを利用してお金持ちのふりをしながらシリアの政治家や軍の首脳部に多くの賄賂を撒布した。当時のシリアは政界が無能で腐敗していたから、お金さえあれば多くの友達を作ることもできたし、彼らにより政府高官になることもできた。

こうしてシリアの重要な情報を収集することができるようになると、コーヘンはイスラエルのモサド（イスラエル諜報特務庁）に機密情報を送り始めた。

彼はゲリラー戦でイスラエルの北部を攻撃しようとしたＰＬＯ（パレスチナ解放機構）の計画を収入手してイスラエルに提供した。イスラエルはその情報により攻撃の拠点を爆撃することができた。

解説

そして、これ以外にも多くの重要な情報がイスラエルに渡された。

最も有名なのは、奪うことができないと思われたほど要塞化されたゴラン高原をイスラエルが占領するように仕向けたことである。

コーヘンはゴラン高原の要塞で働くシリア兵士たちが直射日光のせいで苦労していることを知った。彼はそれに同情するふりをして、シリア軍の要塞があるところに植樹するようにした。

第三次中東戦争が起こると、イスラエル軍は木があるところだけを爆撃することで簡単に要塞を破壊し、ゴラン高原を手に入れることができた。

連敗で悔しがっていたシリアは、自国の首脳部への調査を行なったが、その結果エリ・コーヘンがイスラエルのスパイだということがバレてしまう。こうしてコーヘンは1965年、40歳で死刑に処された。

コーヘンの活動は、スパイがいかに重要なのかをよく見せてくれる。結果的に、イスラエルが中東戦争で連勝し、国家が今も健在するのはエリ・コーヘンというスパイの貢献がなかったら不可能だったかもしれないからだ。

これほどの貢献があれば、スパイが国民的英雄になったのも理解できるだろう。

おわりに

普通、私たちは幼い時から「熱心に勉強すればうまくいく」とか「何事にも一生懸命に取り組めば成功できる」と言われて育つ。しかし、この世の実際の成功事例を見れば、「熱心に勉強したり「一生懸命に」なることだけで、成功した事例はそんなに多くはない。人生の成功は「正しい意思決定」から始まる。

では、正しい意思決定はどこから導きだされるのか？

それは正しい戦略から生まれる。戦略とは、例えば競走に勝つために、ただただ一生懸命走るのではなく、近道はないのか工夫しながら走る道を決めることだ。職場で一生懸命働くだけではなく、稼いだお金を何に使うか、投資するかを考えるのである。

愚かな戦略は血の滲むような努力を無に帰す。反面、正しい戦略は努力の量をはるかに凌駕する成功をもたらす。ここまで本書を読んできた読者は、どの戦略が勝利に、つまり成功に導くのか、どの戦略が敗北に、つまり失敗に結びつくのか、理解していることと思う。

筆者の経験上、書き手が考えたことをよく推敲、整理して書いた本は、論理が簡潔で分かりやすく、読者を納得させる力がある。

反面、筆者が自分もよく理解できていないようなことを、深く考えず書いた本は、読者も納得できない部分が多く理解しにくい。本書は前者になるように努力したつもりである。

本書は『孫子』の全文を明解な現代語で訳し、適切な事例と解説を追加したものである。その過程で最も難しかったのは「何が正しい訳か」という問題だった。

なぜなら『孫子』が書かれたのは、漢文の文法が確立される以前の時代であり、同じ文章でも色々な意味で解釈され、学者の間でも意見が分かれる部分が少なくないからだ。

その問題は、いくつもある説の中で、最も論理的で文脈に合う説を選ぶことで解決した。そして曖昧な部分は、漢字の意味を綿密に分析し、元の意味に最も一致するように訳した。

その過程で分かったのは、既存の『孫子』関連の書籍で色々な間違いが繰り返されていることだった。特に、誤訳が訂正されずにそのまま引用されているケースが目立った。本書では、そんな問題がなくなるように努力した。

誤訳の問題とは別に、難しかったのは錯簡《さっかん》の問題だった。

錯簡とは、ページの順番が混じっていることだ。昔の中国の本は、竹で作った竹簡に書かれていたため、それを繋ぐ糸が解けると内容が混ざったり、なくなってしまう場合が多かった。学者たちは明の時代に『孫子』を含めた「武経七書」を編集するとき、いろいろ順番が混ざって「7 軍争篇」「8 九変篇」「11 九地篇」などで錯簡が生じたと推測している。

特に九変篇の初めの部分は学者間でも議論があり、本書では九変篇の初めに配置した部分が、軍争篇の最後になって、その代わり九変篇の初めに九地篇の内容が錯簡として配置されるバージョンもある。

これは明確な錯簡だから、本書では正しいと思われる順序で編集した。

そして「九変」についても異説がある。中でも有力な説は「九」が文字通りの9でなく「多様な」という意味であり、「九変」は「いろいろな変化」を意味しているのだという説である。他の説では九変篇の「1用兵の原則」の9つの項目を九変が指すという。

結局、どの学者も「九変の利」が何を指すのか、正確に分かっていないのだ。『孫子』の兵法の本文の中にも、明確な答えがない。本書では諸説ある中の最も説得力があり、文脈に合う説を採用した。

これらの問題は2500年の間で失われた内容と明時代の錯簡が問題だから、真実が何であるかは、タイムマシーンが開発されない限り、誰も知ることができないことである。

このような専門的なことに言及したのは『孫子』をもっと深く理解したい読者のためである。他の書籍にも現代語訳があるし、インターネット上にもたくさんある。本書の訳と比較しながら、漢字の原文を読んでみるのも役に立つだろう。

しかし、ほとんどの読者は、そこまでする必要はないだろう。本書を読んだ読者は、孫子の教えのエッセンスを簡単に覚えておいて、それを日常生活や、人生における重要な意思決定に活かして欲しい。